essentials

essentials liefern aktuelles Wissen in konzentrierter Form. Die Essenz dessen, worauf es als „State-of-the-Art" in der gegenwärtigen Fachdiskussion oder in der Praxis ankommt. *essentials* informieren schnell, unkompliziert und verständlich

- als Einführung in ein aktuelles Thema aus Ihrem Fachgebiet
- als Einstieg in ein für Sie noch unbekanntes Themenfeld
- als Einblick, um zum Thema mitreden zu können

Die Bücher in elektronischer und gedruckter Form bringen das Fachwissen von Springerautor*innen kompakt zur Darstellung. Sie sind besonders für die Nutzung als eBook auf Tablet-PCs, eBook-Readern und Smartphones geeignet. *essentials* sind Wissensbausteine aus den Wirtschafts-, Sozial- und Geisteswissenschaften, aus Technik und Naturwissenschaften sowie aus Medizin, Psychologie und Gesundheitsberufen. Von renommierten Autor*innen aller Springer-Verlagsmarken.

Yuri A. W. Shardt · Carsten Gatermann

Probleme der Statistik und Prozessanalyse mit Matlab lösen

Ein praktischer Ratgeber zum Buch *Methoden der Statistik und Prozessanalyse*

Yuri A. W. Shardt
Erfurt, Deutschland

Carsten Gatermann
Ilmenau, Deutschland

ISSN 2197-6708 ISSN 2197-6716 (electronic)
essentials
ISBN 978-3-662-67535-9 ISBN 978-3-662-67536-6 (eBook)
https://doi.org/10.1007/978-3-662-67536-6

Die Deutsche Nationalbibliothek verzeichnet diese Publikation in der Deutschen Nationalbibliografie; detaillierte bibliografische Daten sind im Internet über http://dnb.d-nb.de abrufbar.

Dieses Buch ist eine Übersetzung von der englischen Originalfassung: „Using MATLAB to Solve Statistical Problems“ von Yuri A. W. Shardt, publiziert durch Springer Nature Switzerland AG im Jahr 2023.

Planung/Lektorat: Michael Kottusch
Springer Vieweg ist ein Imprint der eingetragenen Gesellschaft Springer-Verlag GmbH, DE und ist ein Teil von Springer Nature.
Die Anschrift der Gesellschaft ist: Heidelberger Platz 3, 14197 Berlin, Germany

Was Sie in diesem *essential* finden können?

- Eine kurze Zusammenfassung der relevanten Theorie zur Lösung der Aufgabe der Darstellung statistischer Probleme o. ä.
- Detaillierte Beschreibungen der erforderlichen Matlab-Funktionen und -Codeblöcke
- Zeilenweise ausgearbeitete Beispiele in Matlab
- Themen wie Hypothesentests, Regressionsanalyse, Versuchsplanung und Systemidentifikation

Vorwort

Da der Einsatz von Computern zur Lösung komplexer Probleme immer alltäglicher wird, muss man wissen, wie man Software zur Lösung sowohl grundlegender als auch komplizierterer technischer Probleme einsetzt, insbesondere im Bereich der Statistik. Eine der am weitesten verbreiteten akademischen Software für die Datenverarbeitung ist Matlab, ein Programm, das ursprünglich für die Bearbeitung von Matrizen entwickelt und inzwischen um komplexere Funktionen erweitert wurde. In der akademischen Welt ist Matlab häufig der Standard für die Datenverarbeitung und -manipulation. Daher ist es wichtig zu verstehen, wie man die verschiedenen statistischen Konzepte einfach und unkompliziert in Matlab implementieren kann.

Dieses Begleitbuch konzentriert sich auf die Bereitstellung von Beispielen und Details zur Lösung von Beispielen aus der Statistik mit Matlab. Die theoretischen Details und Hintergrundinformationen finden sich in dem bekannten Buch der Autoren Yuri Shardt und Heiko Weiß *Methoden der Statistik und Prozessanalyse – Eine anwendungsorientierte Einführung* (https://link.springer.com/book/10.1007/978-3-662-61626-0). Das Buch ist so gegliedert, dass die einzelnen Kapitel das im Originalbuch präsentierte Material widerspiegeln, was die Suche nach den Details erleichtert und beschleunigt.

Um den Matlab-Code und die Funktionen übersichtlich darzustellen, werden diese in Courier New dargestellt. Es wird davon ausgegangen, dass in Tabellen und Beispielen die Matlab-Variablen von oben definiert werden. Das bedeutet, dass eine Variable, die zuvor in einer Zeile oder einer Code-Zeile oben definiert wurde, später dasselbe bedeutet. Zum Beispiel, wenn >> `A = [5 4; 3 4]`, dann ist >> `B = A^2` dasselbe `A`. In Tabellen wird die Benutzereingabe in der Überschrift definiert und bezieht sich normalerweise auf die Variablen, die durch mathematische Gleichungen gegeben sind.

Yuri A. W. Shardt
Carsten Gatermann

Inhaltsverzeichnis

Abbildungsverzeichnis

Tabellenverzeichnis

Einführung in Matlab® 1

Dieser Abschnitt bietet einen kurzen Überblick über Matlab und seine wichtigsten Funktionen. Es wird vorausgesetzt, dass der Leser ausreichend mit Matlab vertraut ist, um Dateien zu öffnen, grundlegende Befehle zu schreiben und zwischen den verschiedenen Komponenten zu navigieren. Fortgeschrittene Kenntnisse von Matlab sind nicht erforderlich. Weitere Informationen finden Sie unter anderem in *Matlab for Dummies* (Mueller & Sizemore, 2021).

Die grundlegende Matlab-Oberfläche wird in Abb. 1.1 gezeigt. Die wichtigsten Funktionen, die in den folgenden Kapiteln verwendet werden, sollen kurz erläutert werden:

A. **Registerkarte „Home“:** Die Registerkarte „Home“ ermöglicht den schnellen Zugriff auf Menüpunkte wie das Erstellen neuer Dateien, Funktionen, das Speichern von Dateien, das Importieren von Daten und das Ausführen von Simulink.
B. **Aktueller Ordner:** Dieses Fenster enthält Informationen zu den Dateien, die sich im aktuellen Ordner befinden (im Pfadfenster (E) festgelegt). Um sie in Matlab zu öffnen, kann auf die Dateien doppelgeklickt werden. Informationen zu den Dateien sind im folgenden Fenster zu finden.
C. **Befehlsfenster:** Hier werden alle Befehle zur Ausführung in Matlab eingegeben. In diesem Buch werden alle diese Befehle durch doppelte spitze Klammern gekennzeichnet >>.
D. **Workspace:** Hier werden alle aktuell im Workspace vorhandenen Variablen aufgelistet. Wenn die Variable klein ist, wird ihr Wert direkt angezeigt. Bei größeren Variablen werden nur ihre Größe oder die ersten paar Werte angezeigt.

Y. Shardt und C. Gatermann, *Probleme der Statistik und Prozessanalyse mit Matlab lösen*, essentials, https://doi.org/10.1007/978-3-662-67536-6_1

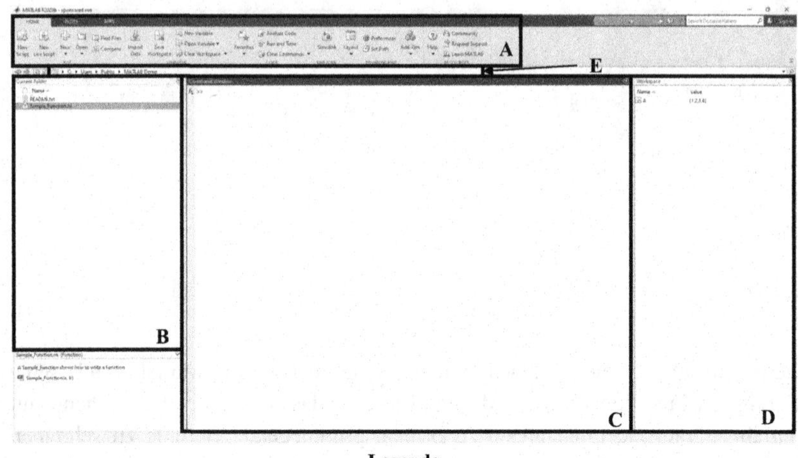

Legende

A: Registerkarte „Home" **B: Aktueller Ordner** **C: Befehlsfenster**

D: Workspace **E: Pfad**

Abb. 1.1 Matlab-Oberfläche (Matlab 2020b)

E. **Pfad:** Damit wird der aktuelle Ordner festgelegt. Beim Ausführen einer Funktion sucht Matlab zunächst im aktuellen Ordner, ob eine Datei mit dem angegebenen Namen existiert. Anschließend werden die internen Pfade überprüft und die erste gefundene Datei verwendet. Dateien, die sich nicht im aktuellen Ordner oder im internen Pfad befinden, können nicht ausgeführt werden und geben einen Fehler zurück.

1.1 Grundlegende Matlab-Befehle

In Tab. 1.1 werden einige häufig verwendete mathematische Operatoren in Matlab mit kurzen Beispielen vorgestellt, während Tab. 1.2 einige der wichtigsten Matlab-Befehle zeigt.

Tab. 1.1 Zusammenfassung der grundlegenden mathematischen Befehle in Matlab mit Beispiel (Sei `a=[1 2 3]`, `b=[4 5 6]`, und `A=[1 2; 4 5; 6 7]`)

Befehl	Definition	Beispiel	Ausgabe
+, -, *, /	Addieren, Subtrahieren, Multiplizieren, Dividieren	`>> a+b`	`[5 7 9]`
'	Transponieren	`>> a'`	`[1; 2; 3]`
\	Führt das Gaußsche Eliminationsverfahren für das System $A\vec{x} = b$ aus. Die Eingabe dafür ist **A\b**	`>> A \ b'`	`[-3.1579 3.5526]`
.	Elementweise Operationen	`>> a.*b`	`[4 10 18]`
^	Potenzfunktion	`>> 4^2`	`16`
sqrt()	Quadratwurzel	`>> sqrt(16)`	`4`

Tab. 1.2 Gewöhnliche Matlab-Befehle

Befehl	Definition
quit/exit	Beendet Matlab
who	Listet alle im Workspace vorhandenen Variablen auf
clear	Entfernt alle Variablen im Workspace
clear n	Entfernt die Variable `n` im Workspace
save `'name'`	Speichert die Variablen im Arbeitsbereich in der Datei `name`
save `'name' x y z`	Speichert die Variablen `x`, `y` und `z` im Workspace in die Datei `name`
load `'name'`	Lädt die Variablen aus der Datei `name` in den Matlab-Workspace
clc	Löscht das Command Window, ohne die Variablen zu löschen
[A B]=xlsread('filename, 'sheetname')	Liest eine Excel-Datei `filename`, übernimmt die Daten aus dem angegebenen Tabellenblatt, `sheetname` und speichert dann alle numerischen Daten in `A` und alle Textdaten in `B`
help fctname	Zeigt die Hilfe für eine bestimmte Funktion an

1.2 Erstellung von Matrizen, Vektoren und Zellen-Feldern

In Matlab können zwei verschiedene Arten von Feldern generiert werden: Matrizen (und Vektoren) sowie Zellen-Felder. Im Allgemeinen sind Matrizen Felder aus Zahlen oder Funktionen, die unter Zuhilfenahme der `[ ]`-Notation erzeugt werden. Die Matrix wird deklariert, indem jede Zeile mit den Elementen der Zeile, getrennt durch Leerzeichen oder Kommas, eingegeben wird. Jede Zeile wird durch ein Semikolon (`;`) von der nächsten getrennt. Auf die Elemente einer Matrix kann mithilfe der `(Zeile, Spalte)`-Notation zugegriffen werden. Soll auf alle Elemente einer bestimmten Zeile oder Spalte zugegriffen werden, so kann ein Doppelpunkt (`:`) anstelle eines Werts verwendet werden. Schließlich kann eine, zugegebenermaßen nicht konsekutive, Untermatrix extrahiert werden, wobei ein Vektor mit den gewünschten Zeilen oder Spalten vorgegeben wird. So extrahiert `[1, 3:5, 8]` beispielsweise die erste, dritte, fünfte und achte Zeile (oder Spalte). Für Vektoren können die Spalten ignoriert werden. Tab. 1.3 enthält typische Matlab Matrix-Operatoren mit kurzen Beispielen.

In Matlab beschreibt ein Zellen-Feld ein Feld, dessen Zellen verschiedene Informationstypen enthalten können. Dazu zählen Zeichenketten aus Buchstaben, Zahlen oder Matrizen. Ein Zellen-Feld wird mittels geschweifter Klammern `{ }` deklariert. Bei der Erstellung eines Zellen-Feldes gelten ansonsten dieselben Regeln wie bei der Erstellung einer Matrix. Wichtig ist jedoch zu beachten, dass die Elemente eines Zellen-Feldes innerhalb von einzelnen Anführungszeichen `''` notiert werden müssen. Weiterhin können Elemente in einem Zellen-Feld genauso adressiert und ausgewählt werden, wie in einer Matrix, wobei geschweifte Klammern anstelle von runden Kammern für das Einschließen der Referenz genutzt werden müssen. Tab. 1.4 enthält typische Matlab Zellen-Feld-Operatoren mit kurzen Beispielen.

1.3 Matlab-Funktionen

Funktionen in Matlab werden mithilfe von *m*-Dateien erstellt. Eine Funktion kann als Blackbox aufgefasst werden, die eine Menge von Eingängen erhält und daraus, nach Ausführung der spezifizierten Anweisungen, eine Menge an Ausgängen generiert. Die Variablen, die während der Ausführung einer Funktion erstellt werden, heißen lokale Variablen. Sie werden ausschließlich innerhalb der Funktion verwendet, wobei sie nicht gleichnamige Variablen in anderen Dateien/Skripten überschreiben. Auf der anderen Seite überschreibt eine Skript-Datei,

Tab. 1.3 Typische Matlab Matrix-Operatoren/Befehlen

Befehl	Definition	Beispiel	Ausgabe
=	Zuweisung	`>> A=[1 2;3 4; 5 6]`	A=[1 2 3 4 5 6]
`()`	Zugriff auf Elemente	`>> A(2,1)` >> A(1,:) >> A([1 3], 1)	3 [1 2] [1; 5]
`zeros(m,n)`	Erzeugt eine $m \times n$ Nullmatrix	`>> zeros(1,2)`	`[0 0]`
`eye(m)`	Erzeugt eine $m \times m$ Einheitsmatrix	`>> eye(2)`	`[1 0` `0 1]`
`ones(m,n)`	Erzeugt eine $m \times n$ Matrix mit Einsen	`>> ones(1,2)`	`[1 1]`
`[x,y]=size(A)`	Bestimmt die Dimension der Matrix **A**, wobei **x** die Anzahl der Zeilen und **y** die Anzahl der Spalten in **A** ist	`>> size(A)`	`[3 2]`
`length(A)`	Bestimmt die Gesamtzahl der Elemente in **A**	`>> length(A)`	6
`det(A)`	Bestimmt die Determinante von **A**	`>> det(A'*A)`	24.000

Tab. 1.4 Typische Matlab Zellen-Feld-Operatoren/Befehlen

Command	Definition	Example	Output
=	Zuweisung	`>> C={'abc' 'a';'cd' '1'}`	C= {'abc'} {'a'} {'cd'} {'1'}
`{ }`	Zugriff auf Elemente	`>> C{2,1}`	`'cd'`

welche auch aus einer *m*-Datei erstellt werden kann, sämtliche zuvor definierten Variablen mit demselben Namen. Dies liegt daran, dass eine Skript-Datei lediglich eine Datei ist, die Befehle enthält und von einem Computer ausgeführt werden kann, indem der Name der Skript-Datei eingegeben wird.

Die Programmiersprache in Matlab ist ähnlich zu *C*, wobei die zusätzliche Fähigkeit, mathematische Notationen und Funktionen zu behandeln, in *C* normalerweise nicht verfügbar ist. Weiterhin ist im Unterschied zu *C* in Matlab das Semikolon am Ende der Zeile nicht notwendig, es verhindert lediglich, dass die Zeile (inklusive möglicher Ergebnisse) im Ausgabefenster angezeigt wird. Zu beachten ist außerdem, dass der Name der Datei, in der die Funktion gespeichert ist, identisch sein muss zum Namen der Funktion. Der Matlab-Aufruf >> `[x,y]=functionname(x2, x3, x4, x5)` beschreibt eine Funktion, die mehrere Eingangs- und Ausgangsgrößen enthält. Die verschiedenen Möglichkeiten für die Kopfzeile (erste Zeile einer *m*-Datei für eine Funktion) sind in Tab. 1.5 gezeigt. Optional kann die nächste Zeile als Kommentar (beginne die Zeile mit einem `%`-Zeichen) eine kurze Beschreibung der Funktion enthalten, während die folgenden initialen Kommentare die Hilfe-Datei der Funktion darstellen. Das Ende einer Funktion wird durch das Schlüsselwort `end` markiert. Tab. 1.6 listet die typischen Matlab Logik-Funktionen auf, wohingegen in

Tab. 1.5 Matlab Kopfzeilen für verschiedene Anwendungsfälle

Anwendungsfall	Kopfzeile
Ein Ausgang, mehrere Eingänge	**`function var00=funktionsname(var1, var2, var3)`**
Zwei Ausgänge, mehrere Eingänge	**`function [var00,var01]=funktions-name(var1, var2)`**
Kein Ausgang, drei Eingänge	**`function funktionsname(var1, var2, var3)`**
Ein Ausgang, kein Eingang	**`function var0=funktionsname()`**
Weder Ausgang noch Eingang	**`function funktionsname()`**

Tab. 1.6 Logische Operatoren in Matlab

Logischer Ausdruck	Operator	Logischer Ausdruck	Operator
Gleich	==	Kleiner als	<
OR	||	Kleiner oder gleich als	<=
AND	&&	Größer als	>
NOT	~	Größer oder gleich als	>=
Ungleich	~=		

Tab. 1.7 Funktionen zur Darstellung gezeigt werden. Tab. 1.9 enthält die typischen Verzweigungsbefehle in MATLAB.

Weitere Details über das Erstellen von *m*-Dateien sind in Kap. 4 dargestellt.

Tab. 1.7 Anzeige-Befehle in Matlab *m*-Dateien

Befehl	Definition	Kommentar
`disp(var)`	Zeigt die angegebene Variable an	
`fprintf('text %d text %d text\n', var1,var2)`	Zeigt formatierten Text an	Vgl. Tab. 1.8 für weitere Informationen[1]

Tab. 1.8 Befehle zum Formatieren von `fprintf`

Befehl	Definition
`%d`	Integer-Format
`%e`	Wissenschaftliches Format mit kleinem *e*
`%E`	Wissenschaftliches Format mit großem *E*
`%f`	Dezimalformat
`%g`	Kompaktere Darstellung von **`%e`** oder **`%f`**
`%s`	Zeigt die Variable als Text formatiert an

Tab. 1.9 Verzweigungsbefehle in Matlab *m*-Dateien

Befehl	Kommentar
`if (logic);...; else;...; end;`	If–then-Befehl. Das `else` kann durch `elseif` ersetzt werden, um eine Kette von Möglichkeiten abzubilden
`for i=m:n:p;...; end;`	For-Schleife, das Inkrement `n` ist nicht notwendig, wobei dann der Standardinkrement +1 verwendet wird
`while (logic);...; end;`	While-Schleife
`return`	Erlaubt das vorzeitige Verlassen einer Schleife

[1] Der Befehl `\n` fügt eine neue Zeile ein, wohingegen `\t` einen neuen Tabulator erzeugt.

Datenvisualisierung

2

Dieses Kapitel präsentiert Materialien, die mit Kap. 1: Einführung in die Statistik und Datenvisualisierung *aus dem Buch* Methoden der Statistik und Prozessanalyse – Eine anwendungsorientierte Einführung *in Verbindung stehen.*

2.1 Zusammenfassung relevanter Funktionen

2.1.1 Matlab-Funktionen für deskriptive Statistik

Gegeben sei der Vektor `x`, der die zu analysierenden Daten enthält. Die Funktionen aus Tab. 2.1 können verwendet werden, um die verschiedenen häufig genutzten Werte der deskriptiven Statistik zu berechnen.

2.1.2 Matlab-Funktionen zur Datavisualisierung.

Matlab enthält viele verschiedene Funktionen und mögliche Kombinationen, um unterschiedliche Arten von Graphen zu erzeugen. Die am häufigsten genutzten Befehle für die Erstellung der gewünschten Abbildungen zeigt Tab. 2.2. Wenn es gewünscht ist, mehrere Datensätze in einer Abbildung darzustellen, ist der `hold`-Befehl zu verwenden. Dieser verhindert, dass Matlab die Abbildung bereinigt, wenn ein neuer Datensatz dargestellt wird. Alle folgenden Datensätze werden in derselben Abbildung dargestellt, bis entweder eine neue Matlab-Abbildung erzeugt oder der Befehl `hold off` eingegeben wird. Eine neue Matlab-Abbildung kann erzeugt werden, indem der `figure`-Befehl genutzt wird. Die Abbildungsreferenz, also die Art und Weise, wie Matlab auf eine gegebene

Y. Shardt und C. Gatermann, *Probleme der Statistik und Prozessanalyse mit Matlab lösen,* essentials, https://doi.org/10.1007/978-3-662-67536-6_2

Tab. 2.1 Nützliche Matlab-Funktionen für deskriptive Statistik (Seit `rng(2340); x =randn(100,1)+1.5;`. Die Funktion `rng` setzt den Startwert des Zufallsgenerators auf einen bestimmten Wert)

Befehl	Definition	Beispiel	Ausgabe
`mean(x)`	Mittelwert von x	`>> mean(x)`	1.5914
`median(x)`	Median von x	`>> median(x)`	1.5676
`std(x)`	Standardabweichung von x	`>> std(x)`	1.0588
`var(x)`	Varianz von x	`>> var(x)` `>> std(x)^2`	1.1211 1.2111
`skewness(x)`	Schiefe von x	`>> skewness(x)`	0.3939
`range(x)`	Bereich von x	`>> range(x)`	5.8343
`quantile(x,k/q)`	Berechnet das `k`-te Quantil von x	`>> quantile(x,1/4)` `>> quantile(x,3/5)`	0.9130 1.7582
`mad(x,1)`	Median der absoluten Verteilung von x	`>> mad(x,1)`	0.6400

Abbildung referenziert, kann über `>> fighandle=fig;` gesetzt werden, wobei die Abbildungsreferenz in der Variable `fighandle` gespeichert wird. Wenn es gewünscht ist in einer vorhandenen Abbildung zeichnen, dann kann der Befehl `>> plotname(fighandle, x,...);` genutzt werden, wobei sich `plotname` auf eine beliebige Funktion zur Erstellung von Abbildungen bezieht. So lautet der Befehl zur Erstellung eines vertikalen Balkendiagramms dann beispielsweise `>> bar(fighandle, x);`.

Es ist auch möglich mehrere Unterabbildungen in einer großen Abbildung zu kombinieren. Dafür ist die folgende Befehlsreihenfolge notwendig:

1. Deklariere die Hauptabbildung, die aus `n×m` Unterabbildungen besteht: `subplot(n,m,1)`
2. Erstelle die `p`-te individuelle Unterabbildung: `subplot(n,m,p), plotname(...)`. Der Wert von `p` wird bestimmt durch `p=i*m+j`, wobei die gewünschte Unterabbildung in der `i`-ten Zeile und `j`-ten Spalte angezeigt wird.

Tab. 2.2 Grundlegende Funktionen zur Darstellung von Ergebnissen (Funktionen mit einem nachfolgenden Stern (*) benötigen die Statistics und Machine Learning Toolbox)

Graphentyp	Matlab-Funktion	Beschreibung
Balkendiagramm	`bar(x)`	Erstellt das vertikale Balkendiagramm für die Daten in **x**
	`barh(x)`	Erstellt das horizontale Balkendiagramm für die Daten in **x**
Histogramm	`hist(x)`	Erstellt das Histogramm für die Daten in **x**
Kreisdiagramm	`pie(x,nameArray)`	Erstellt das Kreisdiagramm für die Daten in **x**. The Beschriftungen für das Kreisdiagramm werden im Listenfeld **nameArray** bereitgestellt. Die Daten sollten in Prozent bereitgestellt werden, sodass die Summe 100 % ergibt
Liniendiagramm, Zeitreihendiagramm	`plot(x,y,'format')`	Abbildungen, die die Werte aus dem Vektor **x** auf der *x*-Achse und die Werte aus dem Vektor **y** auf der *y*-Achse darstellen. Die Zeichenkette **format** enthält die Formatierungsregeln (vgl Tab. 2.3 für einige typische Beispiele). Der Vektor **x** kann weggelassen werden, wobei dann ein Zeitreihendiagramm erstellt wird, bei dem die *x*-Achse nach jedem einzelnen Datenpunkt inkrementiert wird
Kastendiagramm	`boxplot(x,nameArray)*`	Erstellt ein Kastendiagramm für die Daten in **x**. Die Diagrammdaten stammen aus dem Listenfeld **nameArray**. Mehrere Kastendiagramme können kombiniert werden, indem mehrere Spalten in die Matrix **x** eingetragen werden. Für jede Spalte wird dann ein separates Kastendiagramm erstellt
Streudiagramm	`scatter(x,y,g)`	Erstellt ein Streudiagramm mit **x** auf der *x*-Achse und **y** auf der *y*-Achse. Das Zellenfeld **g** ist eine Gruppierungsvariable mithilfe derer mehrere Gruppen in einem einzigen Streudiagramm darstellbar sind. Die Werte in **g** werden dann zu den standardmäßigen Legendeneinträgen. Zum Beispiel wird **g** bei zwei Durchläufen geschrieben als `{'Run 1'; 'Run 2'; 'Run 1'; 'Run 1'; 'Run 2'; 'Run 2'}`. Diese Darstellung weist den ersten Eintrag in **x** und **y** Durchlauf 1 zu, den zweiten zu Durchlauf 2 usw

(Fortsetzung)

Tab. 2.2 (Fortsetzung)

Graphentyp	Matlab-Funktion	Beschreibung
Normalverteilungsdiagramm	**`normplot(x)*`**	Erstellt ein Normalverteilungsdiagramm für die Daten in **`x`**. Die Achsen sind, im Gegensatz zur üblichen Darstellungsweise dieses Buchs, gedreht, d. h. die *x*-Achse enthält die Daten und die *y*-Achse die erwarteten Punktzahlen
Komplexere Varianten	**`colorbar`**	Setzt den Farbbalken in 3D-Diagrammen
	`colormap(NAME)`	Setzt den Farbbalken auf den gegebenen **`NAME`**
	`imagesc(data)`	Erstellt ein Bilddiagramm, sodass die Informationen in data zentriert sind und angemessen dargestellt werden. Nützlich zur Erstellung von Kreuzkorrelationsdiagrammen; Um ein klassisches Bilddiagramm zu erstellen, ist es notwendig, die beiden folgenden zusätzlichen Kommentare zu verwenden: 1. **`set(gca, 'xtick', 1:n)`**, Wobei **`gca`** ein Zugriff auf die aktuelle Abbildung und **`n`** die Anzahl der Datenpunkte in der Abbildung ist. Dieser Befehl zentriert die Balken so, dass die Beschriftungen im nächsten Schritt angemessen platzierbar sind. Der Zugriff **`gca`** ist durch den aktuell verwendeten Zugriff auf die Abbildung zu ersetzen 2. **`set(gca,'xticklabel',L})`** wobei **`gca`** ein Zugriff auf die aktuelle Abbildung ist und **`L`** ein Feld darstellt, welches die Namen der einzelnen Datenpunkte enthält Zu beachten ist, dass sich die obigen Kommentare nur auf die *x*-Achse beziehen. Für die *y*-Achse ist **`x`** durch **`y`** zu ersetzen, sodass **`xtick`** durch **`ytick`** substituiert wird. Es entsteht beispielsweise **`set(gca,'yticklabel',L})`**
	`loglog(x,y,'format')`	Diagramm, das den Vektor **`x`** auf der *x*-Achse und den Vektor **`y`** auf der *y*-Achse darstellt, wobei die Formatierungsregeln in der Zeichenkette **`format`** hinterlegt sind (vgl Tab. 2.3 für typische Beispiele). Beide Achsen sind in logarithmischem Maßstab
	`plot3(x,y,z)`	Erstellt ein dreidimensionales Liniendiagramm mit **`x`** auf der *x*-Achse, **`y`** auf der *y*-Achse und **`z`** auf der *z*-Achse. Bei **`plot3`** handelt es sich um das dreidimensionale Analogon zu **`plot`**

Tab. 2.2 (Fortsetzung)

Graphentyp	Matlab-Funktion	Beschreibung
	plotmatrix(array)	Erstellt ein $n \times n$ Diagramm aus den Spalten von **array**. Es wird angenommen, dass die Zeilen von **array** Beispielwerte und die Spalten verschiedene Variablen darstellen. Das angezeigte Diagramm enthält auf der Diagonalen die (i, i)-Einträge, ein Histogramm der Daten in der i-ten Spalte. Die Nicht-Diagonalelemente, d. h. die (i, j)-Einträge, repräsentieren die Korrelation zwischen der i-ten und j-ten Spalte von **array**
	plotmatrix(x,y) plotmatrix(y)	Stellt die Spalten der Datenmatrix **x** gegen die Spalten der Datenmatrix **y** dar, um das Verhältnis zwischen den verschiedenen Spalten zu zeigen. Die Übergabe eines einzelnen Wertes ist gleichbedeutend mit **plotmatrix(y,y)**, außer der Tatsache, dass die Diagonalen durch Histogramme ersetzt werden
	polar(th,r,'format')	Erstellt ein Polardiagramm mit dem Winkelvektor **th** und dem Radiusvektor **r**, wobei die Formatierungsregeln auf der Zeichenkette **format** eingehalten werden (vgl Tab. 2.3 für typische Beispiele). Der Winkelvektor kann weggelassen werden, wobei dann davon ausgegangen wird, dass der Winkel für jeden Datenpunkt um 1 rad (57,296°) zunimmt
	rose(x,bins)	Erstellt ein Polarhistogramm mit dem Datenvektor **x** und der geforderten Anzahl von Stützstellen **bins**. Die Zahl der Stützstellen ist optional
	semilogx(x,y,'format') semilogy(x,y,'format')	Stellt den Vektor **x** auf der x-Achse und den Vektor **y** auf der y-Achse dar, wobei die Formatierungsregeln in der Zeichenkette **format** eingehalten werden (vgl Tab. 2.3 für typische Beispiele). Entweder die x- (**semilogx**) oder die y-Achse (**semilogy**) ist logarithmisch

(Fortsetzung)

Tab. 2.2 (Fortsetzung)

Graphentyp	Matlab-Funktion	Beschreibung
	set(gca,'xticklabel', listarray)	Erstellt für das vertikale Balkendiagramm, welches durch den Zugriff **gca** beschrieben wird, die Beschriftungen aus **listarray**. Der aktuelle Graph wird durch **gca** referenziert, wobei der Zugriff auf einen speziellen Graphen durch Setzen des Zugriffs auf **h=plot(**...**)** (oder jede ähnliche Methode zum Erzeugen einer Abbildung) erhalten werden kann
	surf(x,y,z)	Erstellt ein dreidimensionales Oberflächendiagramm mit **x** auf der x-Achse, **y** auf der y-Achse und **z** auf der z-Achse

Bei der Darstellung von Daten ist es wichtig daran zu denken, dass die Abbildungen lesbar und angemessen beschriftet sein sollten. Dies kann über die folgenden Befehle sichergestellt werden:

1. **`title('name')`**: Erstellt den Titel der Abbildung. LaTeX-Befehle können verwendet werden.
2. **`xlabel('name')`**, **`ylabel('name')`** und **`zlabel('name')`**: Erstellt die Achsentitel für die x-, y- oder z-Achse. LaTeX-Befehle können verwendet werden.
3. **`ylabel(colorbar,'My colorbar')`**: Erstellt die Beschriftung für den mit der y-Achse assoziierten Farbbalken.
4. **`legend(nameArray)`**: Fügt dem Graphen eine Legende hinzu. Der Ausdruck **`nameArray`** enthält ein so geordnetes Feld, dass der erste Eintrag mit dem Namen für die erste Linie übereinstimmt. Sollten mehr Namen als Graphen vorhanden sein, werden nur die ersten n Namen verwendet. LaTeX-Befehle können verwendet werden.

Typische Formatierungsbefehle zeigt. Tab. 2.3.

2.1.3 Matlab-Abbildungs-Fenster

Um Abbildungen in Matlab leichter manipulieren zu können, ist es wichtig, das Matlab-Abbildungs-Fenster zu kennen. Abb. 2.1 zeigt das Matlab-Abbildungs-Fenster. Die Auswahlmöglichkeiten A bis G erscheinen nur, wenn die Maus oberhalb der oberen rechten Ecke der Abbildung platziert wird. Auswahlmöglichkeit A, der Speichern mit Optionen-Knopf bietet ein ausklappbares Menü mit drei Optionen (in dieser Reihenfolge): Speichern, Speichern als Bild und Speichern als Vektorgrafik. Auswahlmöglichkeit C enthält ein Datenauswahlwerkzeug, dass die mit einem gegebenen Punkt assoziierten Werte enthält. Diese Funktion kann für das Zeigen besonderer Datenpunkte hilfreich sein. Auswahlmöglichkeit D erlaubt es dem Nutzer mithilfe der Maus die Grafik zu verschieben, um auszuwählen, welche Daten genau wiedergegeben werden sollen. Die Auswahlmöglichkeiten E und F bieten die Möglichkeit nach ihrer Auswahl den Zoom an einer beliebigen Stelle der Abbildung zu verändern. Matlab wird dann die gewünschte Funktion ausführen. Mithilfe der Auswahlmöglichkeit G kann die Ausgangsansicht der Abbildung wiederhergestellt werden. Auswahlmöglichkeit H erweist sich als nützlich, wenn Änderungen an Legenden, Beschriftungen oder

Tab. 2.3 Nützliche Formatierungsoptionen

Name	Description
`b`	Blau
`g`	Grün
`r`	Rot
`w`	Weiß
`c`	Cyan
`y`	Gelb
`k`	Schwarz
`m`	Magenta
`.`	Punkt
`+`	Kreuz/Plus, +
`*`	Stern, *
`s`	Quadrat, □
`d`	Diamant, ◇
`v`	▽
`^`	△
`<`	◁
`>`	▷
`p`	☆
`h`	Hexagramm, ✶
`-`	Durchgezogene Linie
`:`	Gepunktete Linie
`-.`	Gestrichpunktete Linie
`-`	Gestrichelte Linie

der Formatierung der Abbildung vorgenommen werden sollen. Dafür zuerst den Cursor auswählen und anschließend doppelt auf das Element klicken, an dem eine Änderung ausgeführt werden soll. Es wird sich ein Eigenschaften-Fenster öffnen, das es erlaubt, detaillierte Änderungen an den Abbildungseigenschaften durchzuführen.

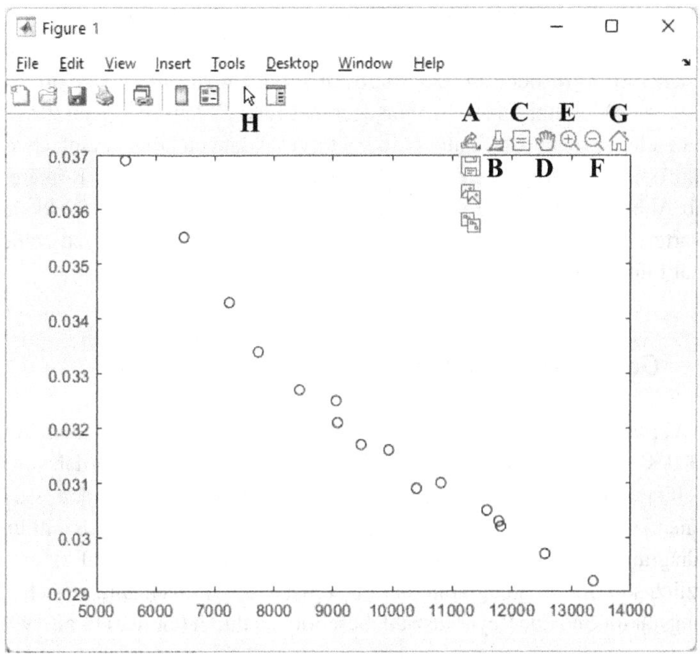

Legend

A: Speichern mit Optionen
B: Pinsel / Datenauswahl
C: Datenpunktauswahl
D: Handwerkzeug
E: Vergrößern
F: Verkleinern
G: Ausgangszustand
H: Cursor

Abb. 2.1 Matlab-Abbildung Benutzeroberfläche

2.1.4 Kopieren und Speichern von Abbildungen für spätere Verwendung

Wenn eine Matlab-Abbildung für eine weitere Verwendung gespeichert werden soll, gibt es mehrere verschiedene Optionen, abhängig von der zukünftigen Verwendung. Soll auf die Abbildung aus Matlab heraus zugegriffen werden, so sollte die Speicherung im nativen `.fig`-Format erfolgen. Soll die Abbildungen jedoch in einer anderen Anwendung genutzt werden, so ist es sinnvoll, diese als Vektorgrafik eines anderen, allgemeineren Formats zu exportieren. Vektorgrafiken enthalten die Bildinformationen als Vektoren anstelle von Pixeln, was beim Einzoomen in die Abbildung weiterhin ein klares und scharfes Bild garantiert. Für Microsoft Word oder andere Microsoft Produkte ist das skalierbare Vektorformat (`.svg`) zu empfehlen, wohingegen bei LaTeX-Anwendungen das `.eps`-Format zu bevorzugen ist. Skalierbare Vektorgrafikdateien können einfach kopiert und direkt in das Word Dokument eingefügt werden. Das direkte Kopieren von Matlab-Abbildungen ist zu vermeiden, da bei Einfügen in das Zieldokument unerwartete Änderungen der Abbildungen auftreten können, was zu schlechter Qualität führen kann.

2.2 Detailliertes Beispiel

Unter Verwendung von Lauf 1 des Reibungsfaktor-Datensatzes assoziiert mit Kap. 1 des Lehrbuches, soll der Mittelwert, die Varianz, die Standardabweichung, die Schiefe und den Median der absoluten Verteilung der beiden Variablen berechnet werden. Weiterhin sind ein Kastendiagramm der Reynoldszahl und ein Streudiagramm des Reibungsfaktors als Funktion der Reynoldszahl zu erstellen. Zusätzlich soll im Streudiagramm der theoretische Zusammenhang zwischen dem Reibungsfaktor und der Reynoldszahl, beschrieben durch (Gerhart et al. 1992):

$$f = K \,\mathrm{Re}^{\beta} \tag{2.1}$$

mit K und β als anzupassende Parameter, gezeigt werden. Für den turbulenten Fluss, bei dem $4000 < \mathrm{Re} < 100.000$ ist, ergibt die Lösung der Blasius-Gleichung ein $K = 0{,}316$ und ein $\beta = -0{,}25$

Um den Matlab-Code darzustellen und zu zeigen, wie die verschiedenen Komponenten implementiert sind, werden die Ergebnisse Schritt für Schritt durch die Matlab-Befehle beschrieben und die korrespondierenden Ausgaben gezeigt.

2.2.1 Vorbereitungen

Zunächst muss die Matlab-Datei mit den Reibungsfaktorwerten heruntergeladen werden. Alternativ können die Werte aus dem vorliegenden Buch kopiert werden. Da angenommen wird, dass die Datei bereits heruntergeladen wurde, ist nun sicherzustellen, dass der Pfad in Matlab mit dem Ordner übereinstimmt, in dem die Datendatei zu finden ist.

2.2.2 Solution

Im ersten Schritt ist die Datendatei in Matlab zu laden:

```
>> load FrictionFactorData.mat;
```

Berechnung des Mittelwerts der ersten Variablen (Reynoldszahl):

```
>> mean(Run1(:,1))
    >> 9.7006e+003
```

und der zweiten Variablen (Reibungsfaktor):

```
>> mean(Run1(:,2))
    >> 0.0320
```

Die Standardabweichung, die Varianz, der Median und die Schieflage können bestimmt werden, indem `mean` durch die passenden Funktionen ersetzt wird. Das ergibt für die Standardabweichung:

```
>> std(Run1(:,1))
    >> 2.2538e+03
>> std(Run1(:,2))
    >> 0.0021
```

und für die Varianz:

```
>> var(Run1(:,1))
    >> 5.0794e+06
>> var(Run1(:,2))
    >> 4.5476e-06
```

Alternativ hätten wir vereinfachend das Quadrat der Standardabweichung nutzen können, um die Varianz zu bestimmen. Für den Median erhalten wir:

```
>> median(Run1(:,1))
    >> 9704
>> median(Run1(:,2))
    >> 0.0316
```

Für die Schiefe wiederum:

```
>> skewness(Run1(:,1))
   >> -0.2064
>> skewness(Run1(:,2))
   >> 0.8438
```

Für den Median der absoluten Verteilung erhalten wir:

```
>> mad(Run1(:,1),1)
   >> 1.9255e+03
>> mad(Run1(:,2),1)
   >> 0.0012
```

Das Kastendiagramm für die Reynoldszahl kann mithilfe des folgenden Befehls erzeugt werden:

```
>> boxplot(Run1(:,1),{'Lauf 1'});ylabel('Reynoldszahl');
```

Das resultierende Kastendiagramm zeigt Abb. 2.2.

Für das Streudiagramm nutzen wir den Befehl:

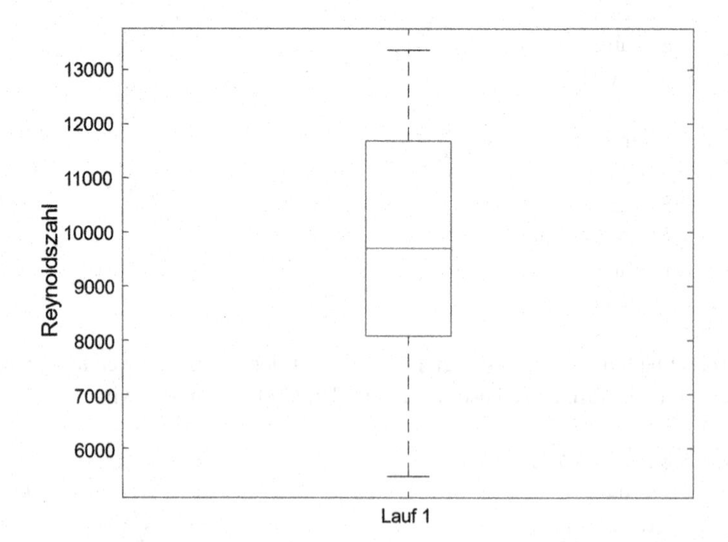

Abb. 2.2 Kastendiagramm der Reynoldszahl

```
>>       plot(Run1(:,1),Run1(:,2),'ob');xlabel('Reynoldszahl,
Re');ylabel('Reibungsfaktor, f');
```

Zu beachten ist, dass die Daten als blaue (Matlab-Befehl: `b`) offene Kreise (Matlab-Befehl: `o`) dargestellt werden. Dies zeigt Abb. 2.3.

Um die theoretischen Werte zum Graphen hinzuzufügen, müssen wir zuerst zwei Vektoren generieren, die die Werte enthalten. Aus Abb. 2.3 ist ersichtlich, dass die kleinste Reynoldszahl 5000 und die größte 14.000 ist. Diese Werte können wir als Grenzen unseres Vektors nutzen. Die Schrittweite können wir so klein wie gewünscht wählen, in diesem Fall ist eine Schrittweite von 100 gewählt worden. Das ergibt

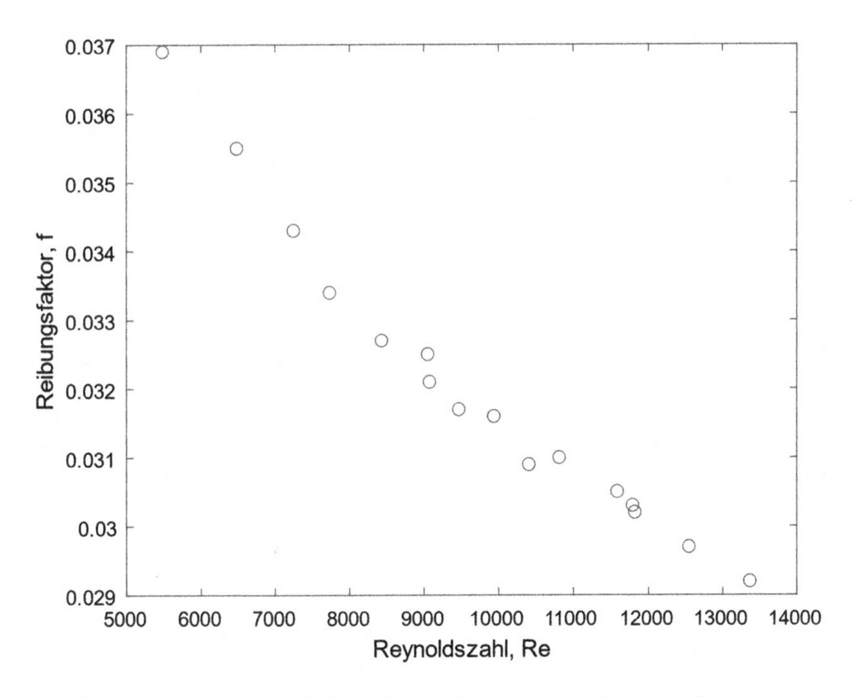

Abb. 2.3 Streudiagramm des Reibungsfaktors als Funktion der Reynoldszahl

```
>> Re=5000:100:14000;
```

Der korrespondierende Reibungsfaktor kann mithilfe der Blasius-Gleichung, siehe Gleichung (1) gewonnen werden. In Matlab wird diese Gleichung wie folgt implementiert:

```
>> f = 0.316*Re.^-0.25;
```

Zu beachten ist die elementweise Potenzierung, da wir die Reynoldszahl mit dem gegebenen Exponenten potenzieren möchten. Um die zwei Vektoren in der vorherigen Abbildung darzustellen, müssen wir den `hold`-Befehl verwenden, um Matlab davon abzuhalten, die vorherigen Daten zu löschen. In Code ausgedrückt bedeutet dies

```
>> hold;
   >> Current plot held
>> plot(Re, f, '-k')
```

Die Linie wird schwarz (Matlab-Befehl: `k`) als durchgezogene Linie (Matlab-Befehl: `-`) dargestellt. Zur besseren Unterscheidbarkeit der beiden Informationssätze wird eine Bildunterschrift benötigt. Diese kann in Matlab mithilfe einer Legende dargestellt werden:

```
>> legend({'Messung','Theorie'})
```

Den resultierenden Graphen zeigt Abb. 2.4. Es ist ersichtlich, dass die theoretischen Werte (dargestellt als durchgezogene schwarze Linie) und die experimentell bestimmten Werte (dargestellt durch blaue Kreise) ziemlich gut miteinander übereinstimmen. Dies spricht dafür, dass die Blasius-Gleichung eine gute Beschreibung der Daten liefert.

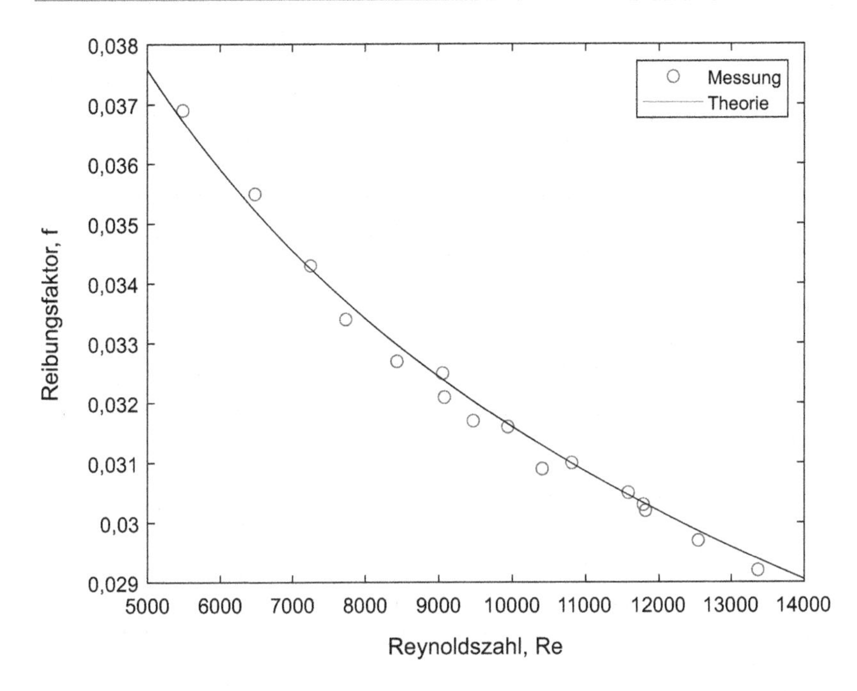

Abb. 2.4 Streudiagramm des Reibungsfaktors als Funktion der Reynoldszahl inklusive der theoretischen Werte

2.3 Übungsaufgaben

Lösen Sie die folgenden Aufgaben mithilfe von Matlab.

1. Betrachtet wird der Datensatz $\{1, 3, 5, 2, 5, 7, 5, 2, 8, 5\}$,
   a) Berechnen Sie den Mittelwert, den Modus, und den Median.
   b) Berechnen Sie die Varianz, den Median der absoluten Differenz und die Spannweite.
   c) Berechnen Sie das erste, zweite und dritte Quantil.
   d) Zeichen Sie ein Kastendiagramm.
   e) Zeichnen Sie ein Histogramm.

Tab. 2.4 Dampfregelungsdaten für zwei verschiedene Algorithmen (zu Aufgabe 2)

Zeit (min)		5	10	15	20	25	30	35	40	45	50	55	60
Basis	1 h	8,5	8,7	8,4	8,6	8,2	8,7	8,9	8,5	8,5	8,4	8,3	8,6
	2 h	8,2	8,4	8,3	8,2	8,4	8,5	8,8	8,3	8,6	8,7	8,5	8,3
Neu	1 h	8,4	8,5	8,4	8,5	8,6	8,3	8,6	8,7	8,2	8,3	8,4	8,5
	2 h	8,5	8,6	8,4	8,3	8,4	8,6	8,7	8,5	8,5	8,5	8,3	8,4

2. Nehmen Sie die Daten aus Tab. 2.4, welche die Dampf-Durchflussrate durch ein Rohr in kg/h zeigen. Aufgrund der Effekte von statischer Reibung und anderen Nichtlinearitäten im Regelventil, wird ein neuer Regelungsalgorithmus vorgeschlagen. Der Ingenieur, der für die Veränderung verantwortlich ist, muss evaluieren, ob der neue Algorithmus besser ist. Ein besserer Algorithmus ist dadurch gekennzeichnet, dass er die Varianz der Dampf-Durchflussrate reduziert und den Prozess näher am gewünschten Arbeitspunkt von 8,5 kg/h hält. Die originäre und die neue Methode werden bei für jeweils zwei Stunden getestet, wobei die Daten alle fünf Minuten erhoben werden. Stellen Sie die verfügbaren Daten dar und analysieren Sie diese. Bewerten Sie, ohne die Zuhilfenahme formaler statistischer Tests, ob der vorgeschlagene Regelungsalgorithmus besser ist als der originäre Basisalgorithmus.
3. Nehmen Sie einen beliebigen großen Datensatz Ihrer Wahl und analysieren Sie ihn mit den in diesem Kapitel vorgestellten Methoden. Der Datensatz sollte mindestens 1000 Datenpunkte und zwei Variablen enthalten. Sie können den Datensatz für die nachfolgenden Kapitel verwenden, um zusätzliche Analysen durchzuführen.

Theoretische Statistik, Verteilungen, Hypothesentest und Vertrauensbereiche

3

Dieses Kapitel präsentiert Materialien, die mit Kap. 2: Theoretische Grundlagen der statistischen Analyse *des Buchs* Methoden der Statistik und Prozessanalyse – Eine anwendungsorientierte Einführung *in Verbindung stehen.*

3.1 Zusammenfassung wichtiger Funktionen

3.1.1 Matlab-Funktionen für statistische Verteilungen

Die verschiedenen Funktionen für eine statistische Verteilung werden nach einem allgemeinen Muster aufgebaut, welches aus zwei Teilen besteht: Die Markierung für die gegebene statistische Verteilung und die Abkürzung der benötigten Eigenschaft. Die Eigenschaftsabkürzungen lauten: `inv` für die inverse Funktion, `pdf` für die Wahrscheinlichkeitsdichtefunktion, `cdf` für die Verteilungsfunktion und `rnd` für eine Menge zufälliger Zahlen extrahiert aus der gegebenen Verteilung. Diese beiden Markierungen werden ohne Leerzeichen oder andere Punktation miteinander kombiniert. So wird zum Beispiel die inverse Funktion der F-Verteilung angegeben mit `finv`, da die F-Verteilung mit `f` beschrieben ist. Tab. 3.1 fasst die Matlab-Funktionen für typische statistische Verteilungen mit kurzen Beispielen zusammen. Die sehr häufig verwendete Standardnormalverteilung erhalten wir, indem wir, bezogen auf die Normalverteilung, den Mittelwert zu null und die Standardabweichung zu eins setzen.

Y. Shardt und C. Gatermann, *Probleme der Statistik und Prozessanalyse mit Matlab lösen,* essentials, https://doi.org/10.1007/978-3-662-67536-6_3

Tab. 3.1 Typische statistische Verteilungen in Matlab. Die Matlab-Markierung für die dargestellte Verteilung ist in Klammern angegeben. Folgende Abkürzungen werden typischerweise verwendet: `p` ist die Wahrscheinlichkeit, `x` ist der kritische Wert, `df` ist die Zahl der Freiheitsgrade und `m` sowie `s` definieren die Größe eines verzweigten Vektors

Verteilung	Befehl	Definition	Beispiel	Ausgabe
Normalverteilung (`norm`)	**`norminv(p, mean, std)`**	Inverse	`>> norminv(.95,0,1)`	`1.6449`
	`normpdf(x, mean, std)`	Wahrscheinlichkeitsdichtefunktion	`>> normpdf(4,0,1)`	`1.338e-04`
	`normcdf(x, mean, std)`	Verteilungsfunktion	`>> normcdf(0.5,0,1)`	`0.6915`
	`normrnd(mean, std, [m,s])`	Aus der Verteilung gezogene Zahlen	`>> normrnd(0,1,[2,1])`	[1.4738 -0.5234][1]
Studentsche t-Verteilung (`t`)	**`tinv(p, df)`**	Inverse	`>> tinv(.95,12)`	`1.7823`
	`tpdf(x, df)`	Wahrscheinlichkeitsdichtefunktion	`>> tpdf(4,12)`	`0.0016`
	`tcdf(x, df)`	Verteilungsfunktion	`>> tcdf(0.5,12)`	`0.6869`
	`trnd(df, [m,s])`	Aus der Verteilung gezogene Zahlen	`>> trnd(12,[2,1])`	[1.7202 -0.6109][2]
χ^2-Verteilung (`chi2`)	**`chi2inv(p, df)`**	Inverse von χ^2	`>> chi2inv(.95,3)`	`7.8147`
	`chi2pdf(x, df)`	Wahrscheinlichkeitsdichtefunktion	`>> chi2pdf(4,3)`	`0.1080`
	`chi2cdf(x, df)`	Verteilungsfunktion	`>> chi2cdf(4,3)`	`0.7385`
	`chi2rnd(df, [m,s])`	Aus der Verteilung gezogene Zahlen	`>> chi2rnd(4,[2,1])`	[2.1563 2.0573][3]

(Fortsetzung)

[1] Die exakten Werte, die wir erhalten hängen vom Startwert ab. Um die gegebenen Werte zu erhalten, nutzen Sie vorher den Befehl >> rng(2340).

[2] Die exakten Werte, die wir erhalten hängen vom Startwert ab. Um die gegebenen Werte zu erhalten, nutzen Sie vorher den Befehl >> rng(2340).

[3] Die exakten Werte, die wir erhalten hängen vom Startwert ab. Um die gegebenen Werte zu erhalten, nutzen Sie vorher den Befehl >> rng(2340).

Tab. 3.1 (Fortsetzung)

Verteilung	Befehl	Definition	Beispiel	Ausgabe
F-Verteilung (f)	**finv(p, df1, df2)**	Inverse von F	>> finv(.95,3,5)	5.4095
	fpdf(x, df1, df2)	Wahrscheinlichkeitsdichtefunktion	>> fpdf(4,3,5)	0.0354
	fcdf(x, df1, df2)	Verteilungsfunktion	>> fcdf(4,3,5)	0.9151
	frnd(df1, df2, [m,s])	Aus der Verteilung gezogene Zahlen	>> frnd(3,5,[2,1])	[0.8039 0.4801][4]
Binomialverteilung (bino)	**binoinv(p, n, q)**	Inverse	>> binoinv(.95,50,0.2)	15
	binopdf(k, n, q)	Wahrscheinlichkeitsdichtefunktion	>> binopdf(4,50,0.2)	0.0128
	binornd(n, q, [m,s])	Aus der Verteilung gezogene Zahlen	>> binornd(50,0.2,[2,1])	[10 6][5]
Poisson-Verteilung (poiss)	**poissinv(p, l)**	Inverse	>> poissinv(.95,0.2)	1
	poisspdf(k, l)	Wahrscheinlichkeitsdichtefunktion	>> poisspdf(1,0.2)	0.1637
	poissrnd(l, [m,s])	Aus der Verteilung gezogene Zahlen	>> poissrnd(0.2,[2,1])	[1 0][6]

[4] Die exakten Werte, die wir erhalten hängen vom Startwert ab. Um die gegebenen Werte zu erhalten, nutzen Sie vorher den Befehl >> rng(2340).

[5] Die exakten Werte, die wir erhalten hängen vom Startwert ab. Um die gegebenen Werte zu erhalten, nutzen Sie vorher den Befehl >> rng(2340).

[6] Die exakten Werte, die wir erhalten hängen vom Startwert ab. Um die gegebenen Werte zu erhalten, nutzen Sie vorher den Befehl >> rng(2340).

3.1.2 Hypothesentests

Um die Dinge zu vereinfachen, werden alle benötigten Wahrscheinlichkeiten in Form von linksseitigen Wahrscheinlichkeiten definiert, d. h. von $-\infty$. Das bedeutet, dass alle Formeln in Matlab direkt verwendet werden können. Sei der Parameter gegeben als θ, die berechnete Teststatistik als $r_{berechnet}$, der kritische Wert der Teststatistik, r_{krit}, und α der α-Fehler. Im Allgemeinen können wir zwischen drei Fällen unterscheiden, die von der Form der alternativen Hypothese H_1 abhängen:

1. **Fall 1: H_1:** $\theta \neq \hat{\theta}$:
   a) **Symmetrische Verteilung:** $|r_{berechnet}| \geq r_{krit}$= `inv(1−0.5α)`
   b) **Unsymmetrische Verteilung:** `inv(0.5α)` $= r_{krit,\, unten} \leq r_{berechnet} \leq r_{krit,\, oben}$= `inv(1−0.5α)`
2. **Fall 2: H_1:** $\theta < \hat{\theta}$: `inv(α)` $= r_{krit} \leq r_{berechnet}$
3. **Fall 3: H_1:** $\theta > \hat{\theta}$: $r_{berechnet} \geq r_{krit}$= `inv(1−α)`

In den oben gezeigten Fällen repräsentiert `inv` die angemessen gewählte Inverse der gegebenen statistischen Verteilung.

In bestimmten Feldern und Anwendungen wird anstelle der Berechnung des kritischen Werts der Statistik die Analyse mithilfe sog. p-Werte ausgeführt. In solchen Fällen korrespondieren die p-Werte zu einer berechneten Teststatistik $r_{berechnet}$ und können für jeden der o. g. Fälle wie folgt bestimmt werden:

1. **Fall 1: H_1:** $\theta \neq \hat{\theta}$:
   a) **Symmetrische Verteilung:** $p_{berechnet}$= `2*cdf(−abs(rberechnet))` $\leq 0{,}5\alpha$
2. **Fall 2: H_1:** $\theta < \hat{\theta}$: $p_{berechnet}$= `cdf(rberechnet)` $\leq \alpha$
3. **Fall 3: H_1:** $\theta > \hat{\theta}$: $p_{berechnet}$= `1-cdf(rberechnet)` $\leq \alpha$

Hier beschreibt `cdf` die angemessen ausgewählte Verteilungsfunktion für die gegebene statistische Verteilung. Dieser Ansatz funktioniert nicht für **Fall 1** bei einer **unsymmetrischen Verteilung.**

3.1.3 Vertrauensbereiche

Im Allgemeinen werden die $100(1-\alpha)$ %- Vertrauensbereiche für Fall 1 mithilfe der folgenden allgemeinen Formel berechnet

$$\boxed{\hat{\theta} - r_{unten}\sigma_\theta \leq \theta \leq \hat{\theta} + r_{oben}\sigma_\theta} \quad (3.1)$$

wobei r_{unten} der untere kritische Grenzwert und r_{oben} der obere kritische Grenzwert ist. Die Standardabweichung der Parameterschätzung wird beschrieben durch σ_θ. In Matlab-Schreibweise bedeutet das, dass der Vertrauensbereich geschrieben werden kann als

```
θ_hat- σ_θ*abs(inv(0.5α)) ≤ θ ≤ θ_hat +  σ_θ*inv(1-0.5α)
```

In diesem Fall repräsentiert `inv` die angemessen gewählte Inverse der gegebenen statistischen Verteilung.

3.1.3.1 Typische Tests und ihre korrespondierende Verteilung

Tab. 3.2 zeigt eine kurze Zusammenfassung der typischen statistischen Tests und ihrer Implementierung.

Tab. 3.2 Zusammenfassung typischer statistischer Tests und ihrer benötigten Parametern. Sei n die Anzahl an Datenpunkten

Test	Mathematische Form	Verteilung	Kommentar
Einzelner Mittelwert	$t_{berechnet} = \frac{\hat{\mu}-\mu}{\hat{\sigma}/\sqrt{n}}$	Studentsche t-Verteilung mit $n-1$ Freiheitsgraden	Ist $n > 30$ oder ist die tatsächliche Standardabweichung bekannt, so kann die Normalverteilung verwendet werden
Einzelne Varianz	$\chi^2_{berechnet} = \frac{(n-1)\hat{\sigma}^2}{\sigma^2}$	χ^2-Verteilung mit $n-1$ Freiheitsgraden	
Zwei Stichprobenmittelwerte	$z_{berechnet} = \frac{\hat{\mu}_1-\hat{\mu}_2-\Delta}{\sqrt{\frac{\sigma_1^2}{n_1}+\frac{\sigma_2^2}{n_2}}}$	Standardnormalverteilung	Weitere Details bezüglich dieses komplexen Falls können in Abschn. 2.7.6.1 des Lehrbuchs nachgelesen werden
Zwei Stichprobenvarianzen	$F_{berechnet} = \frac{\hat{\sigma}_1^2}{\hat{\sigma}_2^2}$	F-Verteilung mit n_1-1 und n_2-1 Freiheitsgraden	Häufig verwendet, um zu testen, ob $\sigma_1 > \sigma_2$

3.2 Detailliertes Beispiel

In diesem Abschnitt wollen wir die zwei häufigsten Beispiele für die Anwendung von Statistik, Hypothesentests und Vertrauensbereichen zur Beantwortung von Fragen hinsichtlich Mittelwertes und Varianz von Datenpunkten betrachten. Diese Methoden werden in den nachfolgenden Kapiteln in größerer Detailtiefe verwendet.

3.2.1 Test eines Mittelwerts gegen einen theoretischen Wert

Betrachten Sie die folgenden Daten

$$\mathbb{X} = \{2,16;\ 2,71;\ 1,09;\ 0,40;\ 1,47;\ 1,13;\ 1,97\},$$

von denen angenommen wird, dass sie aus einer Normalverteilung mit dem Mittelwert 1 stammen. Bereiten Sie die notwendigen Parameter für einen Hypothesentest so vor, dass die beiden Mittelwerte identisch sind und berechnen Sie anschließend die Parameter. Berechnen Sie den p-Wert und zusätzlich den 95 %-Vertrauensbereich. Zeigen Sie, dass die erhaltenen Ergebnisse für alle drei Fälle identisch sind. Setzen Sie dafür α gleich 0,05.

Bevor wir mit der Lösung der Fragestellung beginnen können, müssen wir zunächst den Mittelwert (mu) und die Standardabweichung (sig) des Datensatzes in Matlab berechnen:

```
>> x = [2.16, 2.71, 1.09, 0.40, 1.47, 1.13, 1.97];
>> mu=mean(x)
    >> mu = 1.5614
>> sig=std(x)
    >> sig = 0.7757
>> n=length(x)
    >> n = 7
```

Da wir daran interessiert sind, ob der berechnete Mittelwert dem wahren Mittelwert entspricht, führen wir den folgenden Hypothesentest durch:

$H_{0:}\quad \hat{\mu}=\mu$
$H_{1:}\quad \hat{\mu}\neq\mu.$

Dies korrespondiert mit Fall 1. Nachdem wir eine kleine Stichprobe haben und die wahre Standardabweichung nicht genau kennen, nutzen wir die Studentsche

t-Verteilung, welche eine symmetrische Verteilung ist. Hierfür kann, basierend auf der ersten Zeile von Tab. 3.2, der berechnete Wert für die Teststatistik in Matlab beschrieben werden als

```
>> tber=(mu-1)/(sig/sqrt(n))
      >> tber = 1.9150
```

Der kritische Wert kann mithilfe der symmetrischen Formel für Fall 1 berechnet werden zu

```
>> tkrit=tinv(1-0.5*0.05,n-1)
      >> tkrit = 2.4469
```

Wichtig ist zu beachten, dass die Freiheitsgrade in der Formel für die Inverse explizit anzugeben sind.

Nun können wir die beiden Werte vergleichen, um zu bestimmen, ob die alternative Hypothese tatsächlich korrekt ist. In Matlab kann dieser Vergleich geschrieben werden als

```
>> abs(tber)>=tkrit
      >> 0
```

Die Antwort wird als logische `0` notiert, was gleichbedeutend mit dem Wert `falsch` ist. Das heißt, dass die alternative Hypothese verworfen werden kann und die Nullhypothese möglicherweise korrekt ist, d. h., die Datenpunkte einen gegebenen Mittelwert von eins haben.

Die zum gegebenen berechneten kritischen Wert korrespondierenden p-Werte können mithilfe der Formel für einen symmetrischen Fall 1 berechnet werden, was in Matlab gleichzusetzen ist mit:

```
>> p = 2*tcdf(-abs(tber),n-1)
      >> p = 0.1040
```

Der Vergleich des berechneten p-Werts mit dem Schwellwert von $0{,}5\alpha$ ergibt

```
>> p <= 0.5*0.05
      >> 0
```

was wiederum bedeutet, dass die alternative Hypothese verworfen werden kann. Es sollte niemals einen Unterschied in den Ausgaben der verschiedenen Ansätze geben.

Betrachten wir schließlich den 95 %-Vertrauensbereich für die gegebene Parameterschätzung. Die Formel für den Vertrauensbereich bedingt, dass wir die untere und obere Grenze anhand einer angemessenen statistischen Verteilung bestimmen. In unserem Fall ist die angemessene Verteilung die Studentsche t-Verteilung (vgl. Tab. 3.2). Die Standardabweichung der Parameter ist $\hat{\sigma} / \sqrt{n}$. Somit können die untere und obere Grenze in Matlab bestimmt werden zu:

```
>> ru= mu-sig/sqrt(n)*abs(tinv(0.5*0.05,n-1))
        >> ru = 0.8440
>> ro= mu+sig/sqrt(n)*tinv(1-0.5*0.05,n-1)
        >> ro = 2.2788
```

Somit kann der Vertrauensbereich geschrieben werden als [0,8840; 2,2788]. Nachdem der wahre Wert von eines innerhalb des Vertrauensbereichs liegt, können wir schließen, dass der Vertrauensbereich den wahren Wert enthält. Das wiederum impliziert, dass der berechnete und der wahre Mittelwert derselbe sein können, was sich mit unseren beiden vorangegangenen Ansätzen deckt. Normalerweise würden wir nun einen der beiden Ansätze auswählen und diesen für ein gegebenes Problem verwenden.

3.2.2 Vergleich zweier Stichprobenvarianzen

Als Betriebsplaner testen Sie eine neue Trocknungsmethode in Ihrem Betrieb. Sie haben die Wahl zwischen Verfahren A oder B, wobei Verfahren A aktuell in Betrieb ist, wohingegen Verfahren B eine neue, schnellere Methode ist. Es ist zu bestimmen, ob die Varianz von Verfahren B größer ist als die von Verfahren A, was dazu führt, dass Verfahren B verworfen wird.

Verfahren A hat die folgenden Produktqualitäten ergeben: 95,6; 97,3; 95,6; 95,4; 99,4; 97,2; 92,2; 92,8; 94,3 und 92,6. Verfahren B hat die folgenden Produktqualitäten ergeben: 89,2; 94,2; 93,9; 93,2; 94,7; 91,7; 93,2; 92,4; 91,8; und 91,5.

Lösen Sie das Problem, indem Sie Hypothesentests verwenden, wobei Sie die kritische Teststatistik berechnen inklusive des p-Werts.

Um dieses Problem in Matlab zu lösen, ist es zuerst notwendig, die Standardabweichung der beiden Verfahren und der Zahl an Datenpunkten für jeden Fall zu berechnen.

```
>> opt_A=[95.6, 97.3, 95.6, 95.4, 99.4, 97.2, 92.2, 92.8,
94.3, 92.6];
>> opt_B=[89.2, 94.2, 93.9, 93.2, 94.7, 91.7, 93.2, 92.4,
91.8, 91.5];
>> sig_A=std(opt_A)
        >> sig_A = 2.3268
>> sig_B=std(opt_B)
        >> sig_B = 1.6206
>> n_A=length(opt_A)
        >> n_A = 10
>> n_B=length(opt_B)
        >> n_B = 10
```

Der formale statistische Test kann folgendermaßen formuliert werden:

$H_{0:}$ $\sigma_{\mathrm{B}} = \sigma_{\mathrm{A}}$
$H_{1:}$ $\sigma_{\mathrm{B}} > \sigma_{\mathrm{A}}$.

Beachtenswert ist, dass die Reihenfolge, in der die beiden Varianzen aufgelistet sind, von Bedeutung ist, um das korrekte Verhältnis zu bilden. Ausgehend davon erkennen wir, dass es sich um ein Beispiel gemäß Fall 3 handelt (hier als Fall 2 beschrieben, da $\sigma_2 > \sigma_1$ dasselbe ist wie $\sigma_1 < \sigma_2$). Außerdem, bedingt durch den Vergleich von zwei Stichprobenvarianzen, müssen wir die letzte Zeile von Tab. 3.2 betrachten. Dies zeigt uns, dass wir die F-Verteilung verwenden müssen und dass die Test-Statistik einfach das Verhältnis zwischen den beiden Varianzen ist. Implementiert in Matlab ergibt sich

```
>> fber=sig_B/sig_A
        >> fber = 0.6965
>> fkrit=finv(1-0.05,n_B-1,n_A-1)
        >> fkrit = 3.1789
```

Somit ergibt sich die Schlussfolgerung aus dem Vergleich der beiden Werte:

```
>> fber >= fkrit
        >> 0
```

Die Antwort ist eine logische `0`, was den Wert `falsch` impliziert. Da heißt, dass die alternative Hypothese verworfen werden kann und die Nullhypothese möglicherweise korrekt ist, was bedeutet, dass die beiden Datenreihen dieselbe Varianz haben.

Der korrespondierende p-Wert kann mithilfe der Formel zu Fall 3 mit folgendem Ergebnis berechnet werden:

```
>> p = 1-fcdf(fber,n_B-1,n_A-1)
    >> p = 0.7007
```

Ein Vergleich mit dem Wert von $\alpha = 0{,}05$ ergibt

```
>> p <= 0.05
    >> 0
```

was wiederum zeigt, dass die alternative Hypothese verworfen werden kann. Wie bereits angedeutet, sollte niemals ein unterschiedliches Ergebnis bei verschiedenen Ansätzen auftreten.

3.3 Übungsaufgaben

Lösen Sie die folgenden Aufgaben mithilfe von Matlab.

1. Berechnen Sie für die folgenden Experimente die 95 %-Vertrauensbereiche und bestimmen Sie, ob die Daten aus der angegebenen Population stammen!
   a) $\mathbb{X} = \{3;\ 2{,}3;\ 4{,}3;\ 1{,}2;\ 5{,}6;\ 2{,}3;\ 4{,}5\}$, $\mu = 3$
   b) $\hat{\mu} = 4{,}2$, $\hat{\sigma} = 1{,}2$, $n = 100$, $\mu = 3$.
   c) $\hat{\mu} = 0{,}2$, $\hat{\sigma} = 5$, $n = 10$, $\mu = 3$.
   d) $\hat{\sigma} = 1{,}5$, $n = 10$, $\sigma = 5$.
2. Überprüfen Sie den zentralen Grenzwertsatz für die folgenden Verteilungen: Normal-, χ^2- und F-Verteilungen! Berechnen Sie den Mittelwert für mehrere Stichprobenwerte! Konvergieren sie zur Normalverteilung?

Regressionsanalyse und Versuchsplanung

4

Dieses Kapitel präsentiert Materialien, die mit Kap. 3: Regression *und* Kap. 4: Versuchsplanung *des Buchs* Methoden der Statistik und Prozessanalyse – Eine anwendungsorientierte Einführung *in Verbindung stehen.*

4.1 Zusammenfassung relevanter Funktionen

4.1.1 Matlab-Formeln für gewöhnliche, lineare Regression

Betrachten wir ein Regressionsmodell gegeben durch

$$\boxed{y = \sum_{i=1}^{n} \beta_i f_i(\vec{x}) + \varepsilon = \vec{a}\vec{\beta} + \varepsilon} \tag{4.1}$$

mit n Regressionsschritten und m Datenpunkten (d. h. unterschiedliche Werte der Regressionsschritte und korrespondierenden Ausgaben). Wir definieren die folgenden Vektoren und Matrizen:

Ergänzende Information Die elektronische Version dieses Kapitels enthält Zusatzmaterial, auf das über folgenden Link zugegriffen werden kann https://doi.org/10.1007/978-3-662-67536-6_4.

Y. Shardt und C. Gatermann, *Probleme der Statistik und Prozessanalyse mit Matlab lösen,* essentials, https://doi.org/10.1007/978-3-662-67536-6_4

$$\mathcal{A} = \begin{bmatrix} f_1(\vec{x}_1) & f_2(\vec{x}_1) & \cdots & f_n(\vec{x}_1) \\ f_1(\vec{x}_2) & f_2(\vec{x}_2) & \cdots & f_n(\vec{x}_2) \\ \vdots & & \ddots & \vdots \\ f_1(\vec{x}_m) & f_2(\vec{x}_m) & \cdots & f_n(\vec{x}_m) \end{bmatrix} \tag{4.2}$$

$$\vec{\beta} = \langle \beta_1, \beta_2, ..., \beta_n \rangle^T \tag{4.3}$$

$$\vec{y} = \langle y_1, y_2, ..., y_m \rangle^T \tag{4.4}$$

$$\vec{a}_{\vec{x}_d} = \langle f_1(\vec{x}_d), f_2(\vec{x}_d), \; ..., f_n(\vec{x}_d) \rangle \tag{4.5}$$

4.1.1.1 Lösung ohne Zuhilfenahme von vordefinierten Matlab-Funktionen

Tab. 4.1 fasst die Matlab-Funktionen zur Ausführung linearer Regression ohne Verwendung spezieller vordefinierter Matlab-Funktionen zusammen.

4.1.1.2 Lösung unter Zuhilfenahme von vordefinierten Matlab-Funktionen

In Matlab ist bereits eine Funktion zur Ausführung linearer Regression mit dem Namen `regress` implementiert. Zur Nutzung dieser Funktion ist die Matlab Statistical Toolbox vonnöten. Der vollständige Aufruf dieser Funktion wird beschrieben durch

```
>> [beta,CI,res,resint,stats]=regress(y,A,alpha),
```

wobei `alpha` den gewünschten α-Fehler beschreibt, der – sofern nicht spezifiziert – mit 0,05 angenommen wird. Die Funktion gibt die folgenden Parameter zurück:

a) **`beta`**, ein Vektor, der die mithilfe der Methode der kleinsten Quadrate geschätzten Koeffizienten enthält, d. h. $\hat{\beta}$;
b) **`CI`**, ein Vektor, der die 100(1 − **`alpha`**) %-Vertrauensbereiche für die Koeffizienten in **`beta`** enthält;
c) **`res`**, ein Vektor, der die Residuen enthält;
d) **`resint`**, ein Vektor, der die Vertrauensbereiche der Residuen enthält;
e) **`stats`**, ein Vektor, der die folgenden Einträge (in dieser Reihenfolge) enthält: R^2, F-Statistik, p-Wert und $\hat{\sigma}^2$.

Tab. 4.1 Matlab-Formeln für die händische Ausführung ordinärer linearer Regression. Sei `A` gleich $\mathcal{A}$, `y` gleich $\vec{y}$ und `axd` gleich $\vec{a}_{\vec{x}_d}$

Name	Mathematische Formel	Matlab-Äquivalent
Parameterschätzung	$\hat{\vec{\beta}} = \left(\mathcal{A}^T\mathcal{A}\right)^{-1}\mathcal{A}^T\vec{y}$	`beta=A\y` `beta=(A'*A)^-1*A'*y`
Standardabweichung des Modells	$\hat{\sigma} = \sqrt{\frac{\vec{y}^T\vec{y}-\hat{\vec{\beta}}^T\mathcal{A}^T\vec{y}}{m-n}}$	`sig_mod=sqrt((y'*y-beta'*A'*y))/(m-n))`
Residuen	$\vec{\varepsilon} = \vec{y} - \mathcal{A}\hat{\vec{\beta}}$	`res=y-A*beta`
Fisher-Informationsmatrix	$\mathcal{F} = \left(\mathcal{A}^T\mathcal{A}\right)^{-1}$	`F=(A'*A)^-1`
$100(1-\alpha)$ %-Vertrauensbereich für β_i	$\hat{\beta}_i \pm t_{1-\frac{\alpha}{2},m-n}\hat{\sigma}\sqrt{(\mathcal{A}^T\mathcal{A})^{-1}_{ii}}$	`Delta=tinv(1-alpha/2, m-n) *sig_mod* sqrt(F(i,i))`
Vorhersagewert	$\hat{y} = \vec{a}_{\vec{x}_d}\hat{\vec{\beta}}$	`y_hat=axd*beta`
$100(1-\alpha)$ %-Vertrauensbereich des Mittelwertes	$\hat{y} \pm t_{1-\frac{\alpha}{2},m-n}\hat{\sigma}\sqrt{\vec{a}_{\vec{x}_d}(\mathcal{A}^T\mathcal{A})^{-1}\vec{a}^T_{\vec{x}_d}}$	`Delta=tinv(1-alpha/2, m-n)*sig_mod* sqrt(axd*F*axd')`
$100(1-\alpha)$ %-Vertrauensbereich des Einzelwertes	$\hat{y} \pm t_{1-\frac{\alpha}{2},m-n}\hat{\sigma}\sqrt{1+\vec{a}_{\vec{x}_d}(\mathcal{A}^T\mathcal{A})^{-1}\vec{a}^T_{\vec{x}_d}}$	`Delta=tinv(1-alpha/2, m-n)*sig_mod* sqrt(1+axd*F*axd')`
SSR	$SSR = \sum\left(\hat{y}_i - \bar{y}\right)^2$	`SSR=sum((A*beta-mean(y)).^2)`
SSE	$SSE = \sum\left(y_i - \hat{y}_i\right)^2 = \vec{\varepsilon}^{\,T}\vec{\varepsilon}$	`SSE=sum(res.^2)`
TSS	$TSS = \sum(y_i - \bar{y})^2$	`TSS=SSR+SSE` `TSS=sum((y-mean(y)).^2)`
F-Statistik[1]	$F = \frac{SSR/k}{SSE/m-n}$	`Fstat=(SSR/k) / (SSE / (m-n))`
F-kritisch	$F_{1-\alpha,k,m-n}$	`Fkrit=finv(1-alpha, k, m-n)`
R^2	$R^2 = \frac{SSR}{TSS} = 1 - \frac{SSE}{TSS}$	`R2=SSR/TSS` `R2=1-SSE/TSS`
R^2_{adj}	$R^2_{adj} = 1 - \left(1 - R^2\right)\left(\frac{m-1}{m-n}\right)$	`R2adj=1-(1-R2) * (m-1)/(m-n)`

[1] Für die meisten Anwendungen gilt, $k = n - 1$. Enthält das Modell keine konstanten Terme (β_0), das heißt, es gibt keine Spalten aus Einsern in der $\mathcal{A}$-Matrix, dann gilt, $k = n$.

4.1.2 Matlab-Formeln für gewichtete lineare Regression

Betrachten wir ein Regressionsmodell gegeben durch

$$\boxed{y = \sum_{i=1}^{n} \beta_i f_i(\vec{x}) + w^{-1}\varepsilon = \vec{a}\vec{\beta} + w^{-1}\varepsilon} \tag{4.6}$$

mit n Regressionsschritten und m Datenpunkten (d. h. unterschiedliche Werte der Regressionsschritte und korrespondierenden Ausgaben). Wir definieren die folgenden Vektoren und Matrizen:

$$\mathcal{A} = \begin{bmatrix} f_1(\vec{x}_1) & f_2(\vec{x}_1) & \cdots & f_n(\vec{x}_1) \\ f_1(\vec{x}_2) & f_2(\vec{x}_2) & \cdots & f_n(\vec{x}_2) \\ \vdots & & \ddots & \vdots \\ f_1(\vec{x}_m) & f_2(\vec{x}_m) & \cdots & f_n(\vec{x}_m) \end{bmatrix} \tag{4.7}$$

$$\vec{\beta} = \langle \beta_1, \beta_2, ..., \beta_n \rangle^T \tag{4.8}$$

$$\vec{y} = \langle y_1, y_2, ..., y_m \rangle^T \tag{4.9}$$

$$\vec{a}_{\vec{x}_d} = \langle f_1(\vec{x}_d), f_2(\vec{x}_d), \; ..., f_n(\vec{x}_d) \rangle \tag{4.10}$$

$$\mathcal{W} = \begin{bmatrix} w_1 & 0 & \cdots & 0 \\ 0 & w_2 & 0 & 0 \\ 0 & 0 & \ddots & 0 \\ 0 & \cdots & 0 & w_m \end{bmatrix} \tag{4.11}$$

4.1.2.1 Lösung ohne Zuhilfenahme von vordefinierten Matlab-Funktionen

Tab. 4.2 fasst die Matlab-Funktionen zur Ausführung gewichteter, kleinster quadratischer Regression ohne Verwendung spezieller vordefinierter Matlab-Funktionen zusammen.

Tab. 4.2 Matlab-Formeln für die händische Ausführung gewichteter linearer Regression. Sei `A` gleich $\mathcal{A}$, W gleich $\mathcal{W}$, `y` gleich $\vec{y}$ und `axd` gleich $\vec{a}_{\vec{x}_d}$

Name	Mathematische Formel	Matlab-Äquivalent
Parameterschätzung	$\hat{\vec{\beta}} = \left(\mathcal{A}^T\mathcal{W}\mathcal{A}\right)^{-1}\mathcal{A}^T\mathcal{W}\vec{y}$	`beta=(W^0.5*A)\(W^0.5*y)` beta=`(A'*W*A)^-1*A'*W*y`
Standardabweichung des Modells	$\hat{\sigma} = \sqrt{\frac{\vec{y}^T\mathcal{W}\vec{y}-\hat{\vec{\beta}}^T\mathcal{A}^T\mathcal{W}\vec{y}}{m-n}}$	`sig_mod=sqrt((y'*W*y-beta'*A'*W*y))/(m-n))`
Residuen	$\vec{\varepsilon} = \mathcal{W}^{0.5}\left(\vec{y} - \mathcal{A}\hat{\vec{\beta}}\right)$	`res=W^0.5*(y-A*beta)`
Fisher-Informationsmatrix	$\mathcal{F} = \left(\mathcal{A}^T\mathcal{W}\mathcal{A}\right)^{-1}$	`F=(A'*W*A)^-1`
$100(1-\alpha)$ %-Vertrauensbereich für β_i	$\hat{\beta}_i \pm t_{1-\frac{\alpha}{2},m-n}\hat{\sigma}\sqrt{(\mathcal{A}^T\mathcal{W}\mathcal{A})^{-1}_{ii}}$	`Delta=tinv(1-alpha/2, m-n)*sig_mod* sqrt(F(i,i))`
Vorhersagewert	$\hat{y} = \vec{a}_{\vec{x}_d}\hat{\vec{\beta}}$	`y_hat=axd*beta`
$100(1-\alpha)$ %-Vertrauensbereich des Mittelwertes	$\hat{y} \pm t_{1-\frac{\alpha}{2},m-n}\hat{\sigma}\sqrt{\vec{a}_{\vec{x}_d}\left(\mathcal{A}^T\mathcal{W}\mathcal{A}\right)^{-1}\vec{a}^T_{\vec{x}_d}}$	`Delta=tinv(1-alpha/2, m-n)*sig_mod* sqrt(axd*F*axd')`
$100(1-\alpha)$ %-Vertrauensbereich des Einzelwertes	$\hat{y} \pm t_{1-\frac{\alpha}{2},m-n}\hat{\sigma}\sqrt{\frac{1}{w_0} + \vec{a}_{\vec{x}_d}\left(\mathcal{A}^T\mathcal{A}\right)^{-1}\vec{a}^T_{\vec{x}_d}}$	`Delta=tinv(1-alpha/2, m-n-n_sigma)*sig_mod* sqrt(1/w0+axd*F*axd')`
SSR	$SSR = \sum w_i\left(\hat{y}_i - \overline{y}\right)^2$	`SSR=sum(W*(A*beta-mean(y)).^2)`
SSE	$SSE = \sum w_i\left(y_i - \hat{y}_i\right)^2 = \vec{\varepsilon}^T\vec{\varepsilon}$	`SSE=sum(res.^2)`

(Fortsetzung)

Tab. 4.2 (Fortsetzung)

Name	Mathematische Formel	Matlab-Äquivalent
TSS	$TSS = \sum w_i(y_i - \overline{y})^2$	`TSS=SSR+SSE` `TSS=diag(W)*(y-mean(y)).^2`
F-Statistik[2]	$F = \frac{SSR/k}{SSE/m-n}$	`Fstat=(SSR/k) / (SSE / (m-n))`
F-kritisch	$F_{1-\alpha, k, m-n}$	`Fkrit=finv(1-alpha, k, m-n)`
R^2	$R^2 = \frac{SSR}{TSS} = 1 - \frac{SSE}{TSS}$	`R2=SSR/TSS` `R2=1-SSE/TSS`
R^2_{adj}	$R^2_{adj} = 1 - \left(1 - R^2\right)\left(\frac{m-1}{m-n}\right)$	`R2adj=1-(1-R2) * (m-1)/(m-n)`

[2] Für die meisten Anwendungen gilt, $k = n - 1$. Enthält das Modell keine konstanten Terme (β_0), das heißt, es gibt keine Spalten aus Einsern in der $\mathcal{A}$-Matrix, dann gilt $k = n$.

4.1.2.2 Lösung unter Zuhilfenahme von vordefinierten Matlab-Funktionen

In Matlab ist bereits eine Funktion zur Lösung von linearer gewichteter Regression mit dem Namen `lscov` integriert. Zur Nutzung dieser Funktion ist die Matlab Statistical Toolbox vonnöten. Der vollständige Aufruf dieser Funktion wird beschrieben durch

```
>> [beta,stdevbeta,va_model,s]=lscov(A,y,W),
```

wobei `W` hier definiert ist als diag($\mathcal{W}$). Die Funktion gibt die folgenden Parameter zurück:

a) **`beta`**, als Vektor der geschätzten Koeffizienten bei Nutzung der linearen gewichteten Regression, d. h. $\hat{\beta}$;
b) **`stdevbeta`**, als Vektor der Standardabweichungen der Parameter. Dies impliziert, dass die Werte mit dem korrespondierenden t-Wert multipliziert werden müssen, um die benötigten Vertrauensbereiche zu erhalten.
c) **`va_model`**, als Varianz des Modells;
d) **`s`**, als Kovarianzmatrix für die Parameter.

4.1.3 Matlab-Formeln und Prozeduren für nichtlineare Regression

Sei das nichtlineare Regressionsproblem geschrieben als

$$y = g\left(\vec{\beta}, \vec{x}, \varepsilon\right) \tag{4.12}$$

wobei das Optimierungsproblem definiert ist durch den Ausdruck

$$\min_{\vec{\beta}} \sum_{i=1}^{m} \left(y_i - g\left(\vec{\beta}, \vec{x}_i, \varepsilon_i\right)\right)^2 \tag{4.13}$$

Alle nichtlinearen Regressionsansätze nutzen numerische Methoden, wie beispielsweise Gauß-Newton- oder Levenberg-Marquardt-Verfahren, um den optimalen Punkt zu finden. Die Ableitungsmatrix für das Problem, auch große Jacobimatrix $\mathcal{J}$ genannt, spielt eine ähnliche Rolle wie die $\mathcal{A}$-Matrix bei linearer Regression. Die Jacobimatrix $\mathcal{J}\,'$ für das System kann entsprechend der folgenden Vorschrift berechnet werden:

$$\mathcal{J}' = \left[\frac{\partial g(\vec{\beta},\vec{x},\varepsilon)}{\partial \beta_1} \;\; \frac{\partial g(\vec{\beta},\vec{x},\varepsilon)}{\partial \beta_2} \;\; \ldots \;\; \frac{\partial g(\vec{\beta},\vec{x},\varepsilon)}{\partial \beta_n} \right] \tag{4.14}$$

Der Wert von $\mathcal{J}'$ wird für alle vorhandenen Datenpunkte bestimmt, um die große Jacobimatrix zu bestimmen. Somit kann geschrieben werden als

$$\mathcal{J} = \begin{bmatrix} \mathcal{J}_1' \\ \mathcal{J}_2' \\ \vdots \\ \mathcal{J}_m' \end{bmatrix} = \begin{bmatrix} \frac{\partial g(\vec{\beta},\vec{x}_1,\varepsilon)}{\partial \beta_1} & \frac{\partial g(\vec{\beta},\vec{x}_1,\varepsilon)}{\partial \beta_2} & \ldots & \frac{\partial g(\vec{\beta},\vec{x}_1,\varepsilon)}{\partial \beta_n} \\ \frac{\partial g(\vec{\beta},\vec{x}_2,\varepsilon)}{\partial \beta_1} & \frac{\partial g(\vec{\beta},\vec{x}_2,\varepsilon)}{\partial \beta_2} & \ldots & \frac{\partial g(\vec{\beta},\vec{x}_2,\varepsilon)}{\partial \beta_n} \\ \vdots & \vdots & & \vdots \\ \frac{\partial g(\vec{\beta},\vec{x}_m,\varepsilon)}{\partial \beta_1} & \frac{\partial g(\vec{\beta},\vec{x}_m,\varepsilon)}{\partial \beta_2} & \ldots & \frac{\partial g(\vec{\beta},\vec{x}_m,\varepsilon)}{\partial \beta_n} \end{bmatrix} \tag{4.15}$$

4.1.3.1 Lösung ohne Zuhilfenahme von vordefinierten Matlab-Funktionen

Um nichtlineare Regression in Matlab ausführen zu können, ist es mindestens notwendig, Zugriff auf einen numerischen Löser zu haben, der den optimalen Punkt einer gegebenen Funktion finden kann. In so einem Fall ist es dann möglich, die optimalen Parameterschätzungen und somit die benötigten Informationen zu erhalten. In Matlab ist der meistgenutzte Löser für solch ein Problem `fminsearch`. Das Vorgehen sähe wie folgt aus:

1. Erstelle eine Matlab *m*-Datei (Funktion), welche bei übergebenen Parametern die Summe der quadrierten Residuen zurückgibt. Die Funktion sollte in der Lage sein, Matrizen angemessen zu verarbeiten. Die grundlegende Struktur dieser Funktion wäre:

```
function srs=nls(beta)
%Berechnet die Summe der quadrierten Residuen, bei einem
%uebergebenen Vektor mit Parameterwerten beta.
%Definiere die Regressionsschritte fuer alle Experimente.
x=[];
%Definiere die gemessenen Werte fuer alle Experimente.
y=[];
%Berechne die Summe der quadrierten Residuen.
srs=sum((y-model(x,beta)).^2);
end
```

```
function yhat=model(x,beta)
%Berechnet die Vorhersagewerte auf Grundlage der
%Regressionsschritte und der Parameter
yhat=beta(2).*x.^beta(1);
end
```

2. Bestimme den initialen Wert für die Parameterwerte `beta_0`. Sofern möglich sollten die Schätzwerte aus dem linearisierten Modell übernommen werden.
3. Nutze `fminsearch`, um den optimalen Punk zu finden, d. h.
4. `beta = fminsearch(nls, beta_0)`.

Die große Jacobimatrix, notwendig für die Analyse, kann durch die benötigten Ableitungen bestimmt werden. Anschließend werden die Ableitungen mit den oben bestimmten Parametern und Datenpunkten ausgewertet. Diese Aufgabe kann mithilfe der Matlab Symbolic Toolbox vereinfacht werden.

Tab. 4.3 fasst die Matlab-Formeln für die Ausführung nichtlinearer Regression ohne Zuhilfenahme von speziellen vordefinierten Funktionen zusammen. Es wird angenommen, dass die Parameterschätzungen mithilfe eines angemessenen numerischen Optimierungsalgorithmus, wie oben beschrieben, gewonnen wurden.

4.1.3.2 Lösung unter Zuhilfenahme von vordefinierten Matlab-Funktionen

Ein anderer, wahrscheinlich auch einfacherer, Ansatz ist die Nutzung von vordefinierten Funktionen zur nichtlinearen Regression. Dieser Ansatz setzt eine installierte Statistics Toolbox voraus. Die benötigten Funktionen sind `nlinfit`, welche die Gleichung an die Daten anpasst, und `nlparci`, welche die Vertrauensbereiche berechnet. Der Funktionsaufruf zur Parameterschätzung ist definiert als:

```
[beta,r,J,covb]=nlinfit(x,y, 'FUN',beta0),
```

wobei die x-Daten als Vektor **x** und die y-Daten als Vektor **y** gegeben sind. Die Funktion **FUN**, die angepasst werden soll, ist als *m*-Datei zu schreiben. Hierfür werden drei Argumente benötigt: die Koeffizientenwerte, x und y (in dieser Reihenfolge). Die Funktion sollte bereits so angelegt werden, dass sie Matrixberechnungen erlaubt. Eine Vorlage für diese Funktion befindet sich im weiteren Verlauf des Texts. Der initiale Wert wird in **beta_0** spezifiziert. Der Vektor **beta** enthält die geschätzten Werte für die Koeffizienten, der Vektor **r** die

Tab. 4.3 Matlab-Formeln für händische nichtlineare Regression. Sei `J` gleich $\mathcal{J}$, `y` gleich $\vec{y}$, `xd` gleich $\vec{x}_d$ und `J_x` gleich $\mathcal{J}'$, der Jacobimatrix ausgewertet bei $\vec{x}_d$

Name	Mathematische Formel	Matlab-Äquivalent
Vorhersagewerte	$\hat{y}_i = g\left(\hat{\vec{\beta}}, \vec{x}_i\right)$	`yhat=model(x,beta)`
Residuen	$\vec{\varepsilon} = y_i - \hat{y}_i$	`res=y-yhat`
Standardabweichung des Modells	$\hat{\sigma} = \sqrt{\frac{\sum_{i=1}^{m} (y_i - \hat{y}_i)^2}{m-n}}$	`sig_mod=sqrt(res'*res) / (m-n)`
Fisher-Informationsmatrix	$\mathcal{F} = \left(\mathcal{J}^T \mathcal{J}\right)^{-1}$	`F=(J'*J)^-1`
$100(1-\alpha)$ %-Vertrauensbereich für β_i	$\hat{\beta}_i \pm t_{1-\frac{\alpha}{2},m-n} \hat{\sigma} \sqrt{\left(\mathcal{J}^T \mathcal{J}\right)_{ii}^{-1}}$	`Delta=tinv(1-alpha/2, m-n) *sig_mod* sqrt(F(i,i))`
Vorhersagewert	$\hat{y} = g\left(\hat{\vec{\beta}}, \vec{x}_d\right)$	`y_hat=model(xd,beta)`
$100(1-\alpha)$ %-Vertrauensbereich des Mittelwertes	$\hat{y} \pm t_{1-\frac{\alpha}{2},m-n} \hat{\sigma} \sqrt{\mathcal{J}' \left(\mathcal{J}^T \mathcal{J}\right)^{-1} (\mathcal{J}')^T}$	`Delta=tinv(1-alpha/2, m-n)*sig_mod* sqrt(J_x*F* J_x')`
$100(1-\alpha)$ %-Vertrauensbereich des Einzelwertes	$\hat{y} \pm t_{1-\frac{\alpha}{2},m-n} \hat{\sigma} \sqrt{1 + \mathcal{J}' \left(\mathcal{J}^T \mathcal{J}\right)^{-1} (\mathcal{J}')^T}$	`Delta=tinv(1-alpha/2, m-n-n_sigma)*sig_mod* sqrt(1+J_x *F* J_x')`
SSR	$SSR = \sum \left(\hat{y}_i - \overline{y}\right)^2$	`SSR=sum((yhat-mean(y)).^2)`
SSE	$SSE = \sum \left(y_i - \hat{y}_i\right)^2 = \vec{\varepsilon}^{\,T} \vec{\varepsilon}$	`SSE=sum(res.^2)`
TSS	$TSS = \sum (y_i - \overline{y})^2$	`TSS=SSR+SSE` `TSS=sum((y-mean(y)).^2)`

Tab. 4.3 (Fortsetzung)

Name	Mathematische Formel	Matlab-Äquivalent
F-Statistik[3]	$F = \frac{SSR/k}{SSE/m-n}$	`Fstat=(SSR/k) / (SSE / (m-n))`
F-kritisch	$F_{1-\alpha, k, m-n}$	`Fkrit=finv(1-alpha, k, m-n)`
R^2	$R^2 = \frac{SSR}{TSS} = 1 - \frac{SSE}{TSS}$	`R2=SSR/TSS` `R2=1-SSE/TSS`
R^2_{adj}	$R^2_{adj} = 1 - \left(1 - R^2\right)\left(\frac{m-1}{m-n}\right)$	`R2adj=1-(1-R2) * (m-1)/(m-n)`

[3] Für die meisten Anwendungen gilt, $k=n-1$. Enthält das Modell keine konstanten Terme (β_0), das heißt, es gibt keine Spalten aus Einsern in der -Matrix, dann gilt $k=n$.

Residuen und **covb** ist die geschätzte Kovarianzmatrix für das Problem. Die Jacobimatrix **J** wird mit der besten Schätzung für die Parameter ausgeführt.

Zur Berechnung der Vertrauensbereiche für die Parameter wird folgende Funktion aufgerufen:

```
CI=nlparci(beta,r, 'covar', covb)
```

wobei **CI** die berechneten Vertrauensbereiche für die Koeffizienten sind. Zur Berechnung der Vertrauensbereiche des Mittelwerts für einen gegebenen Punkt `x1` wird folgende Funktion benötigt:

```
[y,delta]=nlpredci('Fun',x1, beta,r, 'covar',covb)
```

mit den vorhergesagten y-Werten **y** und den Halbwertsbreiten **delta** für die gegebenen x-Werte **x 1**. Das bedeutet, dass der Vertrauensbereich des Mittelwerts gegeben ist durch **y**±**delta**. Zur Berechnung der Vertrauensbereiche des Einzelwerts für einen gegeben Punkt **x 1**, ist der Funktionsaufruf

```
[y,delta]=nplpredci('Fun',x1,beta,r,'covar',…
covb,'predopt','observation')
```

Die anderen benötigten Variablen können analog dem bereits erläuterten Vorgehen berechnet werden.

Die benötigte m-Datei sollte die folgende Form haben:

```
function [yhat]=model(beta,x,y)
%Funktion zur Berechnung der vorhergesagten Werte mit
% beta: Parameterkoeffizienten
% x: entsprechende Regressionsschritte
% y: entsprechende gemessene Werte
%Schreibe die benoetigte Funktion, sodass sie Matrizen und
%Vektoren handhaben kann.
%Beachte, dass der y-Vektor unter normalen Umstaenden nicht
%genutzt wird!
yhat=beta.*x;
end
```

Tab. 4.4 Matlab-Formeln für die Versuchsplanung

Name	Mathematische Formel	Matlab-Äquivalent
Regressions-Quadratsumme	$SSR_i = \left(\bar{A}^T\bar{A}\right)_{ii}\hat{\beta}_i^2$	`Fr=(A'*A)` `SSRi=Fr(i,i)*beta(i)^2`
F-Statistik für ein Parameter	$F_i = \frac{SSR_i}{\frac{SSE}{l^k(n_R-1)}}$	`Fi=(SSRi) / (SSE/ 1^k*(nR-1))`
F-kritisch für ein Parameter	$F\left(1-\alpha,\ 1,\ l^k(n_R-1)\right)$	`Fcritp=finv(1-alpha, 1, 1^k*(nR-1))`

4.1.4 Matlab-Formeln für die Versuchsplanung

Nachdem die Analyse und Implementierung bei der Versuchsplanung zumeist mit denselben Methoden wie bei linearer Regression durchgeführt wird, sind nicht viele neue Formeln zu beachten. Tab. 4.4 fasst die neuen Formeln für die Versuchsplanung zusammen.

Zusätzlich zu den oben gezeigten Formeln, gibt es einige wenige Funktionen, die zur Erstellung von fortgeschrittenen optimalen Entwürfen verwendet werden können. Die meistverbreiteten Matlab-Funktionen dieses Typs (alle setzen die Statistical Toolbox voraus) sind:

1. **`[setting,A]=cordexch(nf,nr,'q')`**, was die D-optimale Regressionsmatrix **`A`** bestimmt, gesetzt dem Fall, dass die Anzahl der Läufe **`nr`** und die Anzahl der Faktoren **`nf`** gegeben ist.
2. `ccdesi`**gn(k)** erstellt einen drehbaren zentral zusammengesetzten Versuchsplan für **`k`** Faktoren.

4.2 Detaillierte Beispiele

4.2.1 Lineare Regression

Betrachtet werden soll das Problem, die Parameterwerte einer theoretischen Gleichung zur Berechnung des osmotischen Drucks von Kochsalz (NaCl) und der Hydroxyethylstärke (HES, chemische Formel $(C_6H_{10}O_5)_m(C_2H_5O)_n$) zu bestimmen. Basierend auf der Virialgleichung wird angenommen, dass die folgende Gleichung zur Beschreibung der Osmolalität (Π) eines solchen Gemisches verwendet werden kann.

Tab. 4.5 Anpassung der viralen Gleichung

m_2 (millimol/kg Lösemittel)	m_3 (millimol/kg Lösemittel)	k_c (milliosm/kg Lösemittel)	Π (milliosm/kg Lösemittel)
0	0,0000	0	0
600	0,0390	1052	1314
1 268	0,0823	2326	2267
2 013	0,1307	3879	3712
2 852	0,1852	5792	5496
3 803	0,2469	8170	8035
4 889	0,3175	11.161	11.513

$$\Pi = B_3 m_3^2 + B_3 k_{diss} m_2 m_3 + C_3 m_3^3 + k_c \tag{4.16}$$

wobei B_3 und C_3 die zu bestimmenden Virialparameter, m_2 die Molalität von NaCl in millimol/kg des Lösemittels und m_3 die Molalität von HES in millimol/kg des Lösemittels sind. Des Weiteren sind k_{diss} die Dissoziationskonstante, die 1,678 beträgt und k_c eine bekannte Konstante, die vom zu analysierenden System abhängt. Es wurde ein Experiment durchgeführt, bei dem das Massenverhältnis von HES zu NaCl auf 0,5 festgelegt wurde. Die erzielten Ergebnisse sind in Tab. 4.5 dargestellt. Die Daten für dieses Beispiel stammen aus Prickett, Elliott, and McGann (2011).

Bevor die lineare Regression angewendet werden kann, muss die obige Gleichung so umgestellt werden, dass alle bekannten konstanten Informationen auf der linken Seite und alle unbekannten Variablen auf der rechten Seite stehen. Die Gleichung wird daher wie folgt umgeschrieben:

$$\Pi - k_c = B_3\left(m_3^2 + k_{diss} m_2 m_3\right) + C_3 m_3^3 \tag{4.17}$$

Die erforderlichen Variablen werden wie folgt definiert:

$$\begin{aligned} y &= \Pi - k_c \\ \vec{x} &= \left\langle m_3^2 + k_{diss} m_2 m_3, m_3^3 \right\rangle \\ \vec{\beta} &= \langle B_3, C_3 \rangle^T \end{aligned} \tag{4.18}$$

In Matlab sähe die Implementierung wie folgt aus: Zuerst geben Sie alle Variablen in Matlab ein:

```
>> m2=[0 600 1268 2013 2852 3803 4889]';
>> m3=[0 0.039 0.0823 0.1307 0.182 0.2469 0.3175]';
>> kc=[0 1052 2326 3879 5792 8170 11161]';
>> pi=[0 1314 2267 3712 5496 8035 11513]';
>> kdiss=1.678;
>> m=7;
>> n=2;
>> alpha=0.05;
```

Da wir sieben Experimente haben, ist $m = 7$. Weiterhin ist durch die Wahl von zwei Parametern $n = 2$ und α ist gleich 0,05.

Nun müssen wir mithilfe von Gl. (8.18), die benötigten Vektoren erstellen, das heißt

```
>> y=pi-kc
      >> y=[0, 262, -59, -167, -296, -135, 352]'
>> A=[m3.^2+kdiss*m2.*m3 m3.^3];
```

Wir wollen das Problem ohne die vordefinierten Matlab-Funktionen lösen. Deshalb können wir die Parameterschätzer über folgenden Zusammenhang erhalten:

```
>> beta=(A'*A)^-1*A'*y
      >> beta(1)=-0.8206
      >> beta(2)=7.7469e+04
```

Die Residuen sind dann

```
>> resid=y-A*beta;
```

Die Standardabweichung des Modells erhalten wir zu

```
>> sig_mod=sqrt(resid'*resid/(m-n))
      >> 133.1166
```

Für die Vertrauensbereiche der Parameter können wir die folgende Berechnungsvorschrift nutzen. Für B_3 (unser erster Parameter, und stellen fest, dass wir zunächst die Fisher-Informationsmatrix definieren müssen)

```
>> F=(A'*A)^-1;
>> delta1=tinv(1-alpha/2, m-n)*sig_mod*sqrt(F(1,1))
    >> 0.6238
```

Für C_2 erhalten wir.

```
>> delta2= tinv(1-alpha/2, m-n)*sig_mod*sqrt(F(2,2))
    >> 5.5563e+04
```

Das bedeutet, dass die Vertrauensbereiche der beiden Parameter, nach Rundung basierend auf dem Vertrauensbereich, geschrieben werden können als.

B_3: -0,8 $\pm$ 0,6

C_2: $(8 \pm 6) \times 10^4$.

Um die R^2 und die F-Statistik des Modells berechnen zu können, müssen wir zunächst SSR und SSE bestimmen, d. h.

```
>> SSR=sum((A*beta-mean(y)).^2)
    >> 2.317e+05
>> SSE=sum(resid.^2)
    >> 8.8600e+04

>> TSS=SSR+SSE
    >> 3.2572e+05
```

R^2 kann dann berechnet werden als

```
>> R2=SSR/TSS
    >> 0.7280
```

Dieses Ergebnis legt nahe, dass das gegebene Modell ca. 73 % der Varianz des vorliegenden Modells erklärt, was ein gutes Ergebnis ist. Beachten Sie, dass durch die Tatsache $k=n$, keine Spalte aus Einsern in der Regressionsmatrix auftritt. Für die F-Statistik ergibt sich

```
>> k = n
   >> k = 2
>> Fstat=(SSR/k) / (SSE / (m-n))
   >> 6.6907
```

Der kritische F-Wert ist dann.

```
>> Fkrit=finv(1-alpha, k, m-n)
   >> 5.7861.
```

Zur Analyse der Ergebnisse und zur Beantwortung der Frage, ob unser Modell ausreicht, müssen wir die Residuen als Funktion verschiedener Komponenten darstellen. Dies dient der Prüfung, ob wir die vier Kernannahmen (Mittelwert null, konstante Varianz, unabhängige Residuen und Normalverteilung der Residuen) erfüllt haben. Alle Darstellungen werden zum Schluss gemeinsam in Abb. 4.1 dargestellt. Das Normalwahrscheinlichkeitsdiagramm ist

```
>> normplot(resid)
```

Für die Residuen als Funktion der Ausgabe ergibt sich

```
>> figure;plot(y,residual,'ok');xlabel('Messwert');
ylabel('Residum');
```

Die Residuen als Funktion des ersten Regressionsschritts werden dargestellt durch

```
>> figure;plot(A(:,1),residual,'ok');xlabel('Erster Regressor
');ylabel('Residum');
```

Zur Abbildung der Residuen als Funktion des zweiten Regressionsschritts nutzen wir analog

```
   >> figure;plot(A(:,2),residual,'ok');xlabel('Zweiter Regre
   ssor');ylabel('Residum');
```

Die Residuen als Funktion des vorausgesagten Ausgangs sind

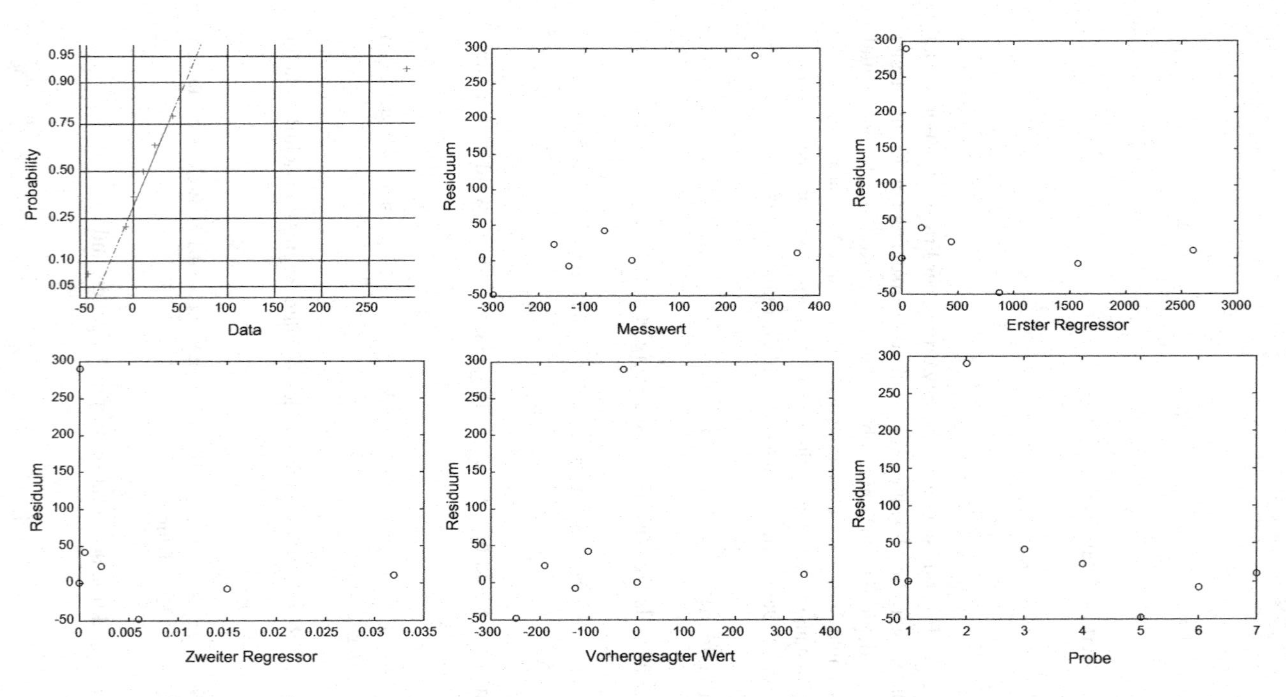

Abb. 4.1 Beispiel einer linearen Regression: MATLAB-Graphen des Normalwahrscheinlichkeitsdiagramms der Residuen, Residuen als Funktion von y und Residuen als Funktion des ersten Regressors, x_1(oben); Residuen als Funktion von x_2, Residuen als Funktion von $\hat{y}$ und ein Zeitreihendiagramm der Residuen (unten)

```
>> figure;plot(A*param,residual,'ok');xlabel('Vorhergesag
ter Wert');ylabel('Residum');
```

Die zeitliche Darstellung der Residuen lautet

```
>> figure;plot(residual,'ok');xlabel('Probe');
>> ylabel('Residum');
```

Aus Abb. 4.1 ist ersichtlich, dass es einen Ausreißer in den Daten beim zweiten Datenpunkt gibt. In allen Darstellungen ist dieser Wert weit abgelegen von allen anderen Punkten. Deshalb ist es notwendig, den Punkt zu entfernen und die Regression zu wiederholen.

Der Ausreißer kann mithilfe des folgenden Codes entfernt werden:

```
>> y2=y([1, 3:length(y)]);
>> A2=A([1, 3:size(A,1)],:);
```

Um zu zeigen, wie das entstehende Problem mithilfe der vordefinierten Matlab-Funktion `regress` gelöst werden kann, nutzen wir ein neues Regressionsproblem. Es wird definiert durch

```
>> [beta1,CI,resid,sr,info]=regress(y2,A2);
```

Die Parameter sind dann:

```
>> beta1(1)
      >> -0.8535
>> beta1(2)
      >> 8.0344e+04
```

Für die Vertrauensbereiche der Parameter gilt dann:

```
>> CI(1,:)
      >> [-1.0216, -0.6855]
>> CI(2,:)
      >> 1.0e+04*[6.5379, 9.5310]
```

Dies gibt uns den oberen und unteren Grenzwert für die Parameterschätzer. Die Information über das Modell ergibt sich wie folgt:

```
>> R2=info(1)
      >> 0.9821
>> F=info(2)
      >> 215.6970
```

Den kritischen Wert finden wir, indem wir folgenden Befehl nutzen.

```
>> Fkrit=finv(1-alpha, k, m-n)
      >> 6.9443.
```

Dabei ist k, wie zuvor gleich zwei, m ist nun gleich sechs, da bekanntermaßen ein Experiment entfernt wurde. Hieraus erkennen wird, dass das Entfernen dieses einzelnen Punktes die Vertrauensbereiche und R^2 deutlich gesteigert hat, was nahelegt, dass der Datenpunkt ein Ausreißer war (oder zumindest, dass er nicht dem erwarteten Modell gefolgt ist). Die Darstellung der verschiedenen Graphen zeigt keine neuen Ausreißer oder andere problematische Punkte.

4.2.2 Nichtlineare Regression

Betrachtet werden soll das Problem zur Ermittlung des Verhältnisses von Gleichgewichtsvolumen und dem Volumen der isotonischen Zellen bei gegebenem osmotischem Druck. Die theoretische Gleichung dafür kann folgendermaßen formuliert werden:

$$\frac{V}{V_0} = \left(1 - b^*\right)\frac{-1 + \sqrt{1 + 4B\Pi_0}}{-1 + \sqrt{1 + 4B\Pi}} + b^* \tag{4.19}$$

wobei sowohl B als auch b^* die zu bestimmenden Parameter sind und Π_0 ein bekannter osmotischer Wert ist. Die experimentellen Daten sind in Tab. 4.6 enthalten. Für diesen Datensatz hat Π_0 einen Wert von 0,293. Detaillierte Informationen zu diesem Problem finden Sie in Ross-Rodriguez (2009). Die Daten wurden dankenswerter Weise von Frau Dr. Lisa Ross-Rodriguez bereitgestellt.

Wir werden dieses Problem über zwei verschiedene Ansätze lösen: Unter Zuhilfenahme spezieller Matlab-Funktionen und unter Zuhilfenahme vordefinierter Funktionen. Das Endergebnis sollte identisch sein, es kann jedoch zu Abweichungen aufgrund von Rundungs- oder Konvergenzproblemen kommen.

Für den manuellen Ansatz nutzen wir unsere Beispiel-Datei und befüllen sie mit den notwendigen Informationen. Beachten Sie, dass wir die Reihenfolge der

Tab. 4.6 Daten zum Gleichgewichts-Zellvolumen

V/V_0	Π
1,000 34	0,292 78
0,804 65	0,571 72
0,753 58	0,855 14
0,715 48	1,135 95
0,685 88	1,433 49
0,666 00	1,729 08
0,659 13	2,028 15
0,640 04	2,326 60
0,626 61	2,667 04

Parameter zu b^* und B angenommen haben. Die Reihenfolge ist entscheidend, da sie bestimmt, welche Ergebnisse mit welchen Parametern assoziiert werden.

```
function srs=nls(beta)
%Berechnet die Summe der quadrierten Residuen bei einem
%gegebenen Vektor mit Parameterwerten beta

%Definiere die Regressionsschritte fuer alle Experimente
x=[0.29278,0.57172,0.85514,1.13595,1.43349,1.72908,2.02815
,2.3266,2.66704];

%Definiere Messwerte fuer alle Experimente
y=[1.00034,0.80465,0.75358,0.71548,0.68588,0.666,0.65913,0
.64004,0.62661];
%Berechne die Summe der quadrierten Residuen
srs=sum((y-model(x,beta)).^2);
end

function yhat=model(x,beta)
%Berechnet die Vorhersagewerte bei gegebenen
%Regressionsschritten und den Parametern
Pi0=0.293;
yhat=(1-beta(1)).*((-1+sqrt(1+4*beta(2)*Pi0))./(-1+sqrt(1+
4*beta(2).*x)))+beta(1);
end
```

Der obenstehende Code sollte in zwei separaten *m*-Dateien im selben Ordner des aktuellen Pfads gespeichert werden. Die Namen der *m*-Dateien müssen mit den Namen der Funktionen (`nls`, `model`) übereinstimmen. Der Initialwert für die Parameterschätzung wurde zu $b^* = 0{,}2$ und $B = 0{,}56$ angenommen. Rufen Sie nun über das Befehlsfenster den folgenden Befehl auf

```
>> betanlr=fminsearch('nls',[0.2, 0.56])
    >> [0.5246, 2.4081]
```

Für die Berechnung weiterer Werte ist die Berechnung der Ableitungen vonnöten. Die Berechnung kann entweder händisch oder mithilfe der Matlab Symbolic Mathematics Toolbox erfolgen. Dabei ergibt sich

$$\frac{d(V/V_0)}{db^*} = 1 - \frac{1 - \sqrt{1 + 4B\Pi_0}}{1 - \sqrt{1 + 4B\Pi}} \tag{4.20}$$

$$\frac{d(V/V_0)}{dB} = 2(1 - b^*)\left[\frac{\Pi_0}{\sqrt{1 + 4B\Pi_0}(-1 + \sqrt{1 + 4B\Pi})} - \frac{\Pi(-1 + \sqrt{1 + 4B\Pi_0})}{\sqrt{1 + 4B\Pi}(-1 + \sqrt{1 + 4B\Pi})^2}\right] \tag{4.21}$$

Als nächstes müssen wir eine *m*-Datei schreiben, die die Ableitungen bei gegebenen Parameterwerten und Regressionsschritten implementiert, d. h.

```
function yderiv=derivatives(x,beta)
%Berechnet die Vorhersagewerte bei gegebenen
%Regressionsschritten und Parametern
Pi0=0.293;
%Zur Vereinfachung der Dinge werden wir einige typische
%Komponenten separat berechnen
so=sqrt(1+4*beta(2)*Pi0);
s=sqrt(1+4*beta(2).*x);
yderiv(:,1)=1-(so-1)./(s-1);
yderiv(:,2)=2*(1-beta(1))*(Pi0./so./(s-1)-x.*(so-1)./s./
(s-1).^2);
end
```

Indem wir diese Datei im gleichen Dateipfad speichern wie die Originaldateien, können wir die große Jacobimatrix wie folgt berechnen. Zuerst müssen die Regressionsschritte und Ausgangsvektoren sowie die Werte für *m* und n definiert werden:

```
>> x=[0.29278,0.57172,0.85514,1.13595,1.43349,1.72908,2.02
815,2.3266, 2.66704];
>> y=[1.00034,0.80465,0.75358,0.71548,0.68588,0.666,0.6591
3, 0.64004,0.62661];
>> m=9;
>> n=2;
>> gJ=derivatives(x,betanlr);
```

Die vorhergesagten Ausgangswerte können abgeschätzt werden zu

```
>> yhat=model(x,betanlr);
```

wohingegen die Residuen folgende Werte ergeben

```
>> resid=yhat-y;
```

Die Standardabweichung des Modells ist dann

```
>> sig_mod=sqrt(sum(resid.^2)/(m-n))
    >> 0.0069
```

Der Vertrauensbereich für die Parameter kann wie folgt bestimmt werden:

```
>> F=(gJ'*gJ)^-1;
>> delta1=tinv(1-alpha/2, m-n)*sig_mod*sqrt(F(1,1))
    >> 0.0436
>> delta2=tinv(1-alpha/2, m-n)*sig_mod*sqrt(F(2,2))
    >> 3.6163
```

Das ergibt, die Vertrauensbereiche der beiden Parameter:
b^*: $0{,}52 \pm 0{,}04$.
B: 2 ± 4.

Lassen Sie uns die obige Übung wiederholen, nur dass wir dieses Mal vordefinierte Matlab-Funktionen verwenden. Lassen Sie uns zur Verdeutlichung des Neuanfangs das Befehlsfenster und alle weiteren Fenster bereinigen:

```
>> clc; clear
```

Der erste Schritt ist wieder das Schreiben der benötigten *m*-Datei. Es wird ähnlich aussehen wie die bereits erstellte Datei (`model`), mit dem Unterschied, dass drei Variablen als Eingangsgrößen definiert werden müssen: die Parameter, die Regressionsschritte und die Ausgabewerte. Mit der Vorlage ergibt sich.

```
function [yhat]=modelnl(beta,x,y)
%Berechnet die Vorhersagewerte mit gegebenen
%Regressionsschritten und Parametern
Pi0=0.293;
yhat=(1-beta(1)).*((-1+sqrt(1+4*beta(2)*Pi0))./(-1+sqrt(1+
4*beta(2).*x)))+beta(1);
end
```

Anschließend laden wir die Daten in Matlab:

```
>> x=[0.29278,0.57172,0.85514,1.13595,1.43349,1.72908,
2.02815,2.3266,2.66704];
>> y=[1.00034,0.80465,0.75358,0.71548,0.68588,0.666,
0.65913,0.64004,0.62661];
```

Der initiale Wert für die Parameterschätzungen wird angenommen zu $b^* = 0{,}2$ und $B = 0{,}56$. Jetzt können wir das Programm laufen lassen, um die Parameterschätzwerte zu bestimmen:

```
>> [betanl,r,J,covb] = nlinfit(x,y,'modelnl',[0.2; 0.56])
>> betanl
     >> [0.5246; 2.4081]
```

Wir sehen, dass die Parameterschätzungen sehr ähnlich zu denen sind, die wir aus der händischen Implementierung gewonnen haben. Möglicherweise gibt es kleine Abweichungen aufgrund der Arbeitsweise des numerischen Lösers. Die Vertrauensbereiche der Parameter ergeben sich mithilfe der Vorschrift

```
>> CI=nlparci(betanl,r, 'covar', covb);
     >> 0.4810 0.5682
     -1.2081 6.0244
```

Die Vertrauensbereiche sind, wie erwartet, identisch zu denen aus dem manuellen Ansatz.

4.2.3 Beispiel für faktoriellen Entwurf

Es wurde eine Versuchsreihe an einer Anlagendestillationskolonne durchgeführt, um die Auswirkungen verschiedener Variablen auf die Gesamtreinheit des Endprodukts zu bestimmen. Die Variablen, die von Interesse sind, sind die Kesselleistung (A), die Vorlauftemperatur (B), das Rücklaufverhältnis (C) und der Vorlaufort (D). Die Reinheit des Produktes wird in einer eigenen Skala ausgedrückt, wobei 150 absolut rein und 50 zu 70 % rein bedeutet. Die Daten, die aus diesem faktoriellen Experiment der Form 2^4 ohne Wiederholungen gewonnen wurden, sind in der Tab. 4.72 aufgelistet. Analysieren Sie die Daten, um festzustellen, welche Parameter signifikant sind und wie das finale Modell aussehen könnte. Das vollständige interessierende Modell kann wie folgt geschrieben werden:

$$
\begin{aligned}
y = {} & \beta_0 + \beta_1 x_1 + \beta_2 x_2 + \beta_3 x_3 + \beta_4 x_4 + \beta_{12} x_1 x_2 + \beta_{13} x_1 x_2 + \beta_{14} x_1 x_4 + \beta_{23} x_2 x_3 + \beta_{24} x_2 x_4 \\
& + \beta_{34} x_3 x_4 + \beta_{123} x_1 x_2 x_3 + \beta_{124} x_1 x_2 x_4 + \beta_{134} x_1 x_3 x_4 + \beta_{234} x_2 x_3 x_4 + \beta_{1234} x_1 x_2 x_3 x_4
\end{aligned}
$$

Weiterführende Details und Informationen bezüglich dieser Frage finden Sie in Beispiel 4.2 des Lehrbuchs.

Zur Lösung dieses Problems müssen wir die relevanten Regressionsmatrizen aufstellen, um die Parameterschätzung zu erhalten. Da es keine Wiederholungen gibt, müssen wir zu Bestimmung der Signifikanz der Parameter das Normalwahrscheinlichkeitsdiagramm verwenden. Basierend darauf wird es uns möglich sein das reduzierte Modell zu erstellen, welches wir dann mithilfe des Standardvorgehens analysieren können. Da die Kodierung orthogonal ist, müssen wir die Parameterschätzung nicht neu berechnen, sobald wir diese für das vollständige Modell berechnet haben.

Zunächst müssen wir die Datenpunkte in Matlab eintragen:

```
>> y=[45,71,48,65,68,60,80,65,43,100,45,104,75,86,70,96]';
>> x=[-1,1,-1,1,-1,1,-1,1,-1,1,-1,1,-1,1,-1,1;
-1,-1,1,1,-1,-1,1,1,-1,-1,1,1,-1,-1,1,1;
-1,-1,-1,-1,1,1,1,1,-1,-1,-1,-1,1,1,1,1;
-1,-1,-1,-1,-1,-1,-1,-1,1,1,1,1,1,1,1,1]';
```

Nun müssen wir die Regressionsmatrix generieren. Die ist möglich, indem wir beachten, dass der erste Parameter β_0 eine Spalte aus Einsern ergibt. Die Spalten für x entsprechen unabhängig voneinander zu jeweils einer Variablen. Schließlich müssen wir die Variablen in Gruppen von zwei, drei usw. zusammennehmen, bis

Tab. 4.7 Daten eines faktoriellen Versuchsplans für eine Destillationskolonne

y	A (x_1)	B (x_2)	C (x_3)	D (x_4)
45	−1	−1	−1	−1
71	1	−1	−1	−1
48	−1	1	−1	−1
65	1	1	−1	−1
68	−1	−1	1	−1
60	1	−1	1	−1
80	−1	1	1	−1
65	1	1	1	−1
43	−1	−1	−1	1
100	1	−1	−1	1
45	−1	1	−1	1
104	1	1	−1	1
75	−1	−1	1	1
86	1	−1	1	1
70	−1	1	1	1
96	1	1	1	1

wir eine Gruppe von k, als Anzahl der Faktoren, erreicht haben. Hier ist $k=4$. In Matlab kann dies durch elementweise Multiplikation der Spalten in `x` erfolgen, z. B. x_2x_3 korrespondiert mit der Multiplikation `x(:,2).*x(:,3)`. Das ergibt

```
>> k = 4;
>> l = 2;
>> A=[ones(l^k,1),x,x(:,1).*x(:,2), x(:,1).*x(:,3),...
x(:,1).*x(:,4), x(:,2).*x(:,3),x(:,2).*x(:,4),...
x(:,3).*x(:,4), x(:,1).*x(:,2).*x(:,3),...
x(:,1).*x(:,2).*x(:,4),x(:,2).*x(:,3).*x(:,4),...
x(:,1).*x(:,2).*x(:,3) .*x(:,4)];
```

Zur Bestimmung der Parameterschätzungen können wir die reguläre Regressionsformel aus Tab. 4.1 verwenden:

```
>> betaDOE=(A'*A)^-1*A'*y;
```

Da es keine Wiederholungen gibt, verwenden wir das Normalwahrscheinlichkeitsdiagramm der Residuen, um zu bestimmen, welche signifikant sind:

```
>> h=normplot(betaDOE)
```

Die Ergebnisse zeigt Abb. 4.2 (links). Zunächst können wir feststellen, dass Matlab automatisch eine rote Gerade generiert, wobei diese eine normale Situation darstellen soll. Wir können die roten Linien entfernen, indem wir die h-Handle, die generiert wurde, entfernen. Speziell möchten wir die zweite und dritte Linie entfernen. Die erste Linie repräsentiert die Datenpunkte selbst. Somit können wir schreiben:

```
>> h(2).delete; h(3).delete;
```

Die ergibt das Normalwahrscheinlichkeitsdiagramm in Abb. 4.2 (rechts)[4]. Die interessierenden Parameter sind hervorgehoben dargestellt. Normalerweise würden wir nur diese Parameter verwenden und unser Model entwickeln. Um jedoch einige zusätzliche Eigenschaften dieses einzelnen Datensatzes zu zeigen, werden wir im Folgenden ein anderes Vorgehen wählen. Aus Abb. 4.2 (rechts), sehen wir, dass der zweite Parameter (B) in keinem der signifikanten Parameter auftaucht, was bedeutet, dass er vollständig entfernt werden kann. Nachdem ein faktorieller Versuchsplan die Eigenschaft hat, dass beim vollständigen Entfernen eines einzelnen Parameters ein faktorieller Versuchsplan mit Wiederholungen übrigbleibt, werden wir genauso vorgehen, um zu zeigen, wie wir die Daten mithilfe des F-Tests analysieren können.

Durch das Entfernen eines einzelnen Parameters erhalten wir eine Wiederholung, welches es uns erlaubt den F-Test Ansatz zur Bestimmung der Signifikanz der Parameter zu verwenden. Wir können den zweiten Parameter wie folgt entfernen:

```
>> Ar=A(:,[1,2,4,5,7,8,11,14]);
```

[4] Um die angezeigten Hinweise zu den Datenpunkten zu erhalten, müssen wir die assoziierte Hinweisfunktion modifizieren. Dies kann durch Rechtsklick mit dem Hinweis-Mauszeiger auf ein Datenpunkt und der anschließenden Auswahl von Update Function → Edit sowie anschließender Bearbeitung der sich öffnenden Datei erfolgen.

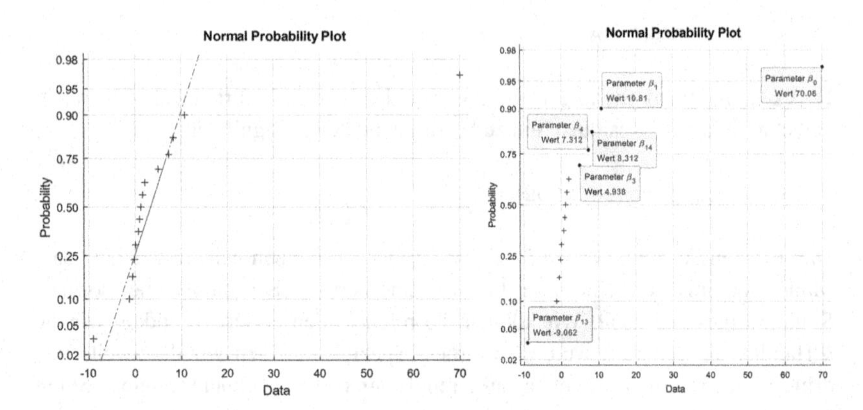

Abb. 4.2 Normalwahrscheinlichkeitsdarstellung der Parameter

Wir können die Parameter nach dem folgenden Schema berechnen:

```
>> betaDOEr=(Ar'*Ar)^-1*Ar'*y
>> [70.0625, 10.8125, 4.9375, 7.3125, -9.0625,
8.3125, -0.5625, -1.3125]
```

Nicht überraschend ist, dass die Zahlen dieselben sind wie zuvor. Dies liegt an der orthogonalen Basis. Damit wir den F-Test zur Bestimmung der signifikanten Parameter verwenden können, müssen wir zunächst den zu jedem Parameter zugehörigen *SSR* bestimmen, d. h.

```
>> Fr=(Ar'*Ar);
>> SSRi=SSRi=diag(Fr).*betaDOEr.^2
    >> 1.0e+04 * [7.8540 0.1871 0.0390 0.0856 0.1314
    0.1106
    0.0005 0.0028]
```

Nun können wir für jeden Parameter die F-Statistik wie folgt berechnen:

```
>> SSE=y'*y-betaDOEr'*Ar'*y
    >> 162.5
>> l=2; k=3; nR=2;
>> Fi=SSRi./(SSE/l^k*(nR-1))
```

```
>>  1.0e+03  *  [3.8666  0.0921  0.0192  0.0421  0.0647
0.0544
0.0002 0.0014]
```

Als nächstes berechnen wir den kritischen F-Wert wie folgt:

```
>> alpha=0.05;
>> Fkritp = finv(1-alpha, 1, l^k*(nR-1))
    >> 5.3177
```

Das Ergebnis impliziert, dass jedes beliebige F_i, größer als dieser Wert, signifikant sein wird. In Matlab schreiben wir dies als

```
>> betaDOEr(Fi>Fkritp)
    >> [70.0625 10.8125 4.9375 7.3125 -9.0625 8.3125]
```

Dies zeigt uns, dass im Wesentlichen die ersten sechs Parameter signifikant sind. In diesem Beispiel stimmen die Ergebnisse zufälligerweise mit denen des Norm alwahrscheinlichkeitsdiagrammansatzes überein. Das ist jedoch nicht immer der Fall. Das finale Modell ist schließlich beschrieben durch

$$y = 70,1 + 10,8x_1 + 4,9x_3 + 7,3x_4 - 9,1x_1x_4 + 8,3x_3x_4$$

4.3 Übungsaufgaben

Lösen Sie die folgenden Aufgaben mithilfe von Matlab.

1) Passen Sie die Antoine-Gleichung für einen bestimmten Dampfdruck als Funktion der Temperaturdaten für Toluol aus Tab. 4.8 an! Die allgemeine Form der Antoine-Gleichung kann wie folgt angegeben werden:

$$P^{Dampf} = 10^{A+\frac{B}{C+T}} \tag{4.22}$$

wobei A, B und C Parameter, T die Temperatur in °C und P^{Dampf} der Dampfdruck von Toluol in mmHg sind. Zwei getrennte Läufe mit zwei verschiedenen Messgeräten wurden durchgeführt. Es sollen ein linearisiertes Modell, ein nichtlineares Modell, das durch Anwendung von $\log_{10}$ gebildet wird und das nichtlineare Modell der Gl. (8.22) an die Daten angepasst werden. Analysieren Sie die Residuen und beantworten Sie folgenden Fragen:

a) sind die Fehler für beide Läufe gleich und wie lässt sich das feststellen?

Tab. 4.8 Partialdrücke von Toluol bei verschiedenen Temperaturen (für Aufgabe 1)

Temperatur, T (°C)	Dampfdruck, P^{Dampf} (mmHg)	
	Lauf 1	Lauf 2
−4,4	5,05	5,15
6,4	10,0	9,89
18,4	20,1	21,9
31,8	39,9	40,8
40,3	59,8	62,5
51,9	99,9	97,8
69,5	200	206
89,5	400	415
110,6	760	747
136,5	1502	1512

b) Führen Sie getrennte Parameterschätzungen für jeden der Läufe und Modelle durch. Welches Modell beschreibt die Daten für den jeweiligen Lauf am besten? Was sagt dies über eine geeignete Fehlerstruktur für jeden Lauf aus?
c) Vergleichen Sie die besten Parameterschätzungen für A, B und C mit den theoretischen Werten von $A = 6{,}954\,64$; $B = 1\,344{,}8$ °C und $C = 219{,}482$ °C (Dean, 1999)! Liegen die experimentellen Werte nahe bei den theoretischen?

Tab. 4.9 Lebensdauer einer Werkzeugmaschine (für Aufgabe 2)

Lauf	A	B	C	Wiederholung		
				y_1	y_2	y_3
1	−	−	−	22	31	25
2	+	−	−	32	43	29
3	−	+	−	35	34	50
4	+	+	−	55	47	46
5	−	−	+	44	45	38
6	+	−	+	40	37	36
7	−	+	+	60	50	54
8	+	+	+	39	41	47

*Hinweis: Für die nichtlinearen Modelle wird vorgeschlagen, die mit dem linearisierten Modell erhaltenen Schätzungen als erste Schätzung für die nichtlineare Methode zu verwenden.*2) Betrachten Sie das Problem um zu ermitteln, welche Bedingungen die Lebensdauer (in Stunden) eine Werkzeugmaschine beeinflussen. Die zu untersuchenden Faktoren sind: Schnittgeschwindigkeit (A), Werkzeuggeometrie (B) und Schnittwinkel (C). Betrachten Sie den folgenden vollständigen Versuchsplan, dessen Regressionsmatrix und Ergebnisse in Tab. 4.9 dargestellt sind! Führen Sie alle Analysen mit dem 95 %-Vertrauensbereich durch und lösen Sie die folgenden Aufgaben:

a) Bestimmen Sie ein Modell für den vollfaktoriellen Versuchsplan!
b) Passen Sie das Modell an und ermitteln Sie die Vertrauensbereiche für die Parameterschätzungen! Legen Sie fest, welche Parameter beibehalten werden sollten!
c) Berechnen Sie den *F*-Wert für jede Parameterschätzung. Legen Sie fest, welche Parameter jetzt beibehalten werden sollten.
d) Sind die Ergebnisse von b) und c) identisch? Handelt es sich um ein zufallsbedingtes Ergebnis oder wird dies immer der Fall sein?
e) Welches Modell würden Sie, ausgehend von den Ergebnissen von b) und c), vorschlagen? Welche Wechselwirkungen sind signifikant und warum?
f) Überprüfen Sie die Residuen des vollständigen Modells und bestimmen Sie, ob es Probleme bei der Verteilung der Residuen gibt! (*Hinweis: Zeichnen Sie die Residuen für jede Wiederholung in verschiedenen Farben oder in separaten Diagrammen.*

(*Daten* entstammen *aus D. Montgomery (2007),* Design and Analysis of Experiments, 6. Auflage, Wiley & Sons.)

Was Sie aus diesem *essential* mitnehmen können?

- Verständnis der relevanten Matlab-Funktionen zur Lösung statistischer Probleme
- Vertieftes Verständnis für die Lösung komplexer, statistischer Probleme in MATLAB
- Verschiedene wiederverwendbare Matlab-Codeblöcke für die zukünftige Verwendung benutzen
- Übertragung von Lösungen fortgeschrittener statistischer Probleme in Matlab auf Problemstellungen in Ihrem Arbeitsumfeld

Y. Shardt und C. Gatermann, *Probleme der Statistik und Prozessanalyse mit Matlab lösen*, essentials, https://doi.org/10.1007/978-3-662-67536-6

Literatur

Dean, J. A. (1999). *Lange's Handbook of Chemistry* (15 Aufl.). New York, United States of America: McGraw-Hill, Inc.

Gerhart, P. M., Gross, R. J., & Hochstein, J. I. (1992). *Fundamentals of Fluid Mechanics.* Reading, Massachusetts, United States of America: Addison-Wesley Publication Co.

Mueller, J. P., & Sizemore, J. (2021). *MATLAB for Dummies.* Hoboken, New Jersey, United States of America: John Wiley & Sons, Inc.

Prickett, R. C., Elliott, J. A., & McGann, L. E. (2011). Application of the Multisolute Osmotic Virial Equation to Solutions Containing Electrolytes. *The Journal of Physical Chemistry B, 115*, 14531–14543.

Ross-Rodriguez, L. U. (2009). Cellular Osmotic Properties and Cellular Responses to Cooling. Edmonton, Alberta, Canada: University of Alberta.

Shardt, Y. A.W. (2012). *Data Quality Assessment for Closed-Loop System Identification and Forecasting with Application to Soft Sensors.* Edmonton, Alberta, Canada: University of Alberta. http://doi.hdl.handle.net/10402/era.29018

Y. Shardt und C. Gatermann, *Probleme der Statistik und Prozessanalyse mit Matlab lösen,* essentials, https://doi.org/10.1007/978-3-662-67536-6

Printed in the United States
by Baker & Taylor Publisher Services